吃涼拌

——真藤舞衣子

瑞昇文化

前言

過去一直以來都存在於日本餐桌上，
不斷為人們所品嚐的「涼拌料理」。
由於吃到的頻率太高，
讓人幾乎意識不到它紮根在我們的飲食生活中，
是種不可或缺的東西。

『只需把食材拌上調味料』，
是種非常簡單而乾脆的料理，
對每天作飯或是才剛開始學習料理的人來說，
製作起來非常輕鬆，可以成為助力。

依食材的口感、味道、香味來搭配，
或是把冰箱裡剩下的食材組合起來，
光是這樣就能做出一道傑出的涼拌料理，
變化也很豐富，
菜式的廣度也會無限地擴展開來。
而最重要的是，簡單又好吃，
這就是它最大的魅力。
也正因為簡單，細心製作也非常的重要。
雖然說要細心，但並不是什麼麻煩的作業，
像是確實去除食材多餘的水分，
或是為了活用素材的味道，只使用最低限度的調味料……等等，
都是極為單純的事。
請不要太過緊張，一定要來嘗試看看。

最後，當製作涼拌料理之際，
若感覺到煩惱、迷惘時，
請看一看本書食譜下方的『Memo』吧！
有寫像是食材的替代方式，或是調理上的訣竅等等，
有著能夠做得美味的提示。
請務必從這些眾多的涼拌料理中，
找出想要一吃再吃的美味菜餚吧！

真藤舞衣子

目　錄

前言…002
涼拌料理的優點…006
製作美味的涼拌料理…008

第1章
基本

高湯醬油涼拌
蘿蔔泥拌炸茄子和櫛瓜…012
高湯醬油拌菇類和山茼蒿…014
高湯醬油拌彩色蔬菜…015

三杯醋涼拌
三杯醋拌竹筴魚、秋葵、蘘荷…016
和風醃菜…018
三杯醋拌蝦子、海帶芽、小黃瓜…019

芝麻涼拌
芝麻拌蘆筍…020
芝麻拌雞柳和四季豆…022
芝麻拌花椰菜…023

豆腐涼拌
豆腐拌菠菜…024
豆腐拌百合根和蔥…026
豆腐涼拌柿子乾和山茼蒿…027

醋味噌涼拌
醋味噌拌油菜和花蛤…028
醋味噌拌螢火魷和獨活…030
醋味噌拌酪梨和日本分蔥…031

第2章
涼拌蔬菜

白高湯、柚子胡椒拌根菜類與菇類…034
燒烤風涼拌南瓜和番薯…036
魚露、檸檬汁拌豆芽菜…038
涼拌烤香菇和日本分蔥…039
涼拌埃及國王菜和山藥…040
鹽昆布拌青椒…041
涼拌甜菜、紅蘿蔔、橘子…042
涼拌烤蠶豆和蘘荷…043
款冬味噌拌春季時蔬…044
土佐風涼拌烤竹筍…045
XO醬馬鈴薯沙拉…046
柴漬馬鈴薯沙拉…046
黑醋拌小番茄…048
懷舊的涼拌水果…049
青海苔橘醋拌炸山藥…050
脆鹹蘿蔔…051
涼拌香味蔬菜和帕馬森起司…052
辣白菜…053
涼拌馬鈴薯絲和香菜…054
煎酒拌炸牛蒡和京水菜…055

● 把食材當成調味料…056

第3章
肉類涼拌

橘醋拌涮豬肉…060
涼拌肉味噌和牛蒡…062
肉味噌…063
青紫蘇青醬拌煮雞肉…064
橘醋拌煮雞肉和蒸高麗菜…064
檸檬拌牛肉和香菜…066
涼拌雞柳和榨菜…067
涼拌雞絞肉和芋頭…068
香味涼拌酥脆豬肉…069
涼拌雞腿肉和秋葵…070
芝麻醋拌雞皮和鴨兒芹…070
辣味涼拌牛肉和小黃瓜…072
醬油麥麴涼拌生火腿、蘑菇、芝麻菜…074
涼拌雞胗…076
梅子涼拌雞柳和西洋菜…077

第4章
涼拌魚貝類

豆渣拌煙燻鮭魚…080
涼拌乾貨和鮮豔蔬菜…082
涼拌金槍魚和紅蘿蔔…084
咖哩美乃滋拌蝦子和酪梨…085
西洋菜醬汁拌帆立貝…086
鱈魚子拌白腎豆…087
檸檬拌魩仔魚和高麗菜…088
煎酒拌鯛魚…089
花生醬拌魚貝類…090
涼拌帆立貝罐頭、蘿蔔、蘋果…092
乾燥番茄拌章魚、油菜…093
鹽昆布拌鮪魚和酪梨…094
涼拌酒盜和酒糟…095
涼拌火烤烏賊和水芹…096
南洋風涼拌鰤魚…098

第5章
涼拌豆、乳製品和乾貨

涼拌羊栖菜、炸豆皮、小松菜…102
涼拌油豆腐和水煮蛋…104
涼拌豆腐和榨菜…106
涼拌豆渣和鮮豔蔬菜…107
涼拌水母和雞肉…108
涼拌煙燻蘿蔔 和馬斯卡彭起司…109
涼拌羊栖菜和岡羊栖菜…110
涼拌乾豆腐皮和荷蘭豆芽…111
鮮奶油起司和蔥的特製涼拌豆腐…112
和風冬粉…113
糙米涼拌沙拉…114
漢方醬汁拌薏仁…115
醋拌乾蘿蔔絲和紫甘藍菜…116

●調味料…118

第6章
手製調味料

橘醋醬油…122
白高湯醬油…122
美乃滋…124
煎酒…124
醬油麥麴…126
鹽麴…126

【本書的小規則】

● 1杯為200ml，1大匙為15ml，1小匙為5ml。 ●鹽使用天然鹽，糖使用黍砂糖。 ●味噌的鹽份會因產品不同而有所差異，請一邊試味道一邊進行調整。 ●高湯請用以昆布、柴魚片（鰹魚）、小魚乾等熬煮出來的高湯。 ●橄欖油是使用特級初榨橄欖油。 ●保存期限只是個參考，還是盡早把它吃完吧！ ●微波爐的加熱時間是以用600W來加熱為基準。由於微波爐會因製造商及機種不同而有所差異，請做適當的調整。

涼拌料理的優點

和食是日本飲食生活的基本。
在其中算是最簡單並且容易出現餐桌上的料理，那就是「涼拌料理」。
好吃、迅速、充滿營養。
這道滿足了主要的三種條件，並有著滿滿優點的菜餚，
請務必品味看看！

變化無窮

就算味道相同，只要改變食材就是不同的一道菜；反之就算食材相同，只要能改變調味料，更會像是一道完全不同的菜色。像這樣藉著不斷反覆嘗試，涼拌料理將會每天變化，種類將會變得越來越多樣。

輕輕鬆鬆就能做好

基本上就是把食材拌上調味料而已，因此能以很短的時間做好。而關於食材的切法，也完全沒有『這樣不行！』的硬性規定，所以可以非常自由，只要調理得方便食用就OK了！

可以攝取大量蔬菜

無論如何就是可以吃到大量的蔬菜。而與沙拉相比，整體也用調味料很好地調味過，所以每一口都能品味到令人放心的味道，應該能夠更加深刻地感受到蔬菜的鮮甜。

也能當成主菜

藉由使用肉或是魚貝類，也能當成正餐的主要料理，做出有著充分飽足感的一道菜。從副菜到主菜，都可以依涼拌食材的不同做出各式菜色，因此在每天的飯菜準備上，也是相當貴重的寶物。

留住口感

烹煮時，有效活用食材所擁有的口感非常重要。將青菜稍稍燙過好留住清脆的新鮮口感，而肉和魚貝類則是煎成酥脆的金黃色。並非只有調味料，也請意識到，口感也可以是一種香料。

去除水分

製作涼拌料理時，當蔬菜加入調味料後，有時會隨著時間經過而變得濕潤。要預先用紙巾或蔬菜脫水機，確實地去除蔬菜多餘的水分，防止水分沖淡味道、破壞口感。

製作美味的涼拌料理

涼拌料理是種非常簡便的料理，
正因如此，確實掌握調理的重點，來把它做得更加美味吧！
這裡完全沒有困難的手續或無法模仿的做法，
馬上就能上手。

替味道增添起伏

運用像是柑橘類、佐料、香味蔬菜等，以調味料之外的方式替味道做出點綴，即使是只用攪拌的調理方法，也不會讓人有老是一樣的感覺。這種只加一點就能讓風味變得更加出眾，讓味道出現深度的食材，對涼拌料理來說是不可缺少的存在。

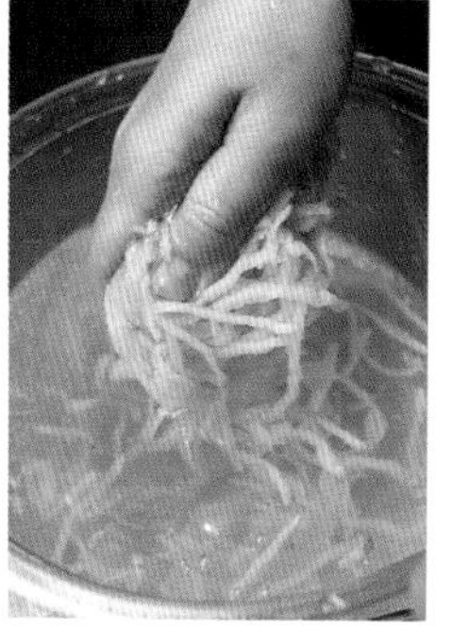

去除臭味、澀味

正因為涼拌料理的調理很簡單，入口瞬間的風味會變得更加明顯。根菜類要浸泡過醋水去除澀味，乾貨要仔細清洗好洗去臭味等等，只有不怠慢了各種食材所需要的不同事前處理，才能做出純淨無雜味的味道。

快速攪拌

像是要讓食材和調味料飽含空氣一樣，請速迅俐落地攪拌。慢慢攪拌的話，水分會從食材裡跑出來，而讓成品會變得黏黏的。正因為是可以用短時間做好的菜色，速度感非常重要。請在稍大的盆子裡，一口氣將它拌好吧！

第 1 章

基本

涼拌料理的王道，像是豆腐涼拌、芝麻涼拌、醋味噌涼拌…
這類讓人安心、不變的味道，都是只要吃上一口，
就會讓人放下心來而感到平靜的菜色。
精通基本的製作方式，就可以自由地來安排。
強力支援每一天的料理。

高湯醬油涼拌

用穩定的美味包覆住食材的高湯醬油。
不管是誰都喜歡的味道，跟每種食材都很搭配，非常優秀。

蘿蔔泥拌炸茄子和櫛瓜

材　料　2～3人分

茄子…2根
櫛瓜…1根
蘿蔔泥…5cm量
油炸用油…適量

●高湯醬油　方便製作的分量

味醂、醬油…各1大杯
酒…½杯
昆布…約5cm
柴魚片：1大撮

做　法

1 製作高湯醬油。將味醂、酒、海帶裝入保存容器內放置一個晚上（※夏天時要放進冰箱裡）。移至鍋子裡，加入醬油開中火，快煮開前將海帶取出。

2 ①煮開後加入柴魚片開中火，煮滾讓酒精揮發後關火。就這樣放置5分鐘左右。

3 將濾網、布覆蓋在稍大的盆子上，把②過濾。

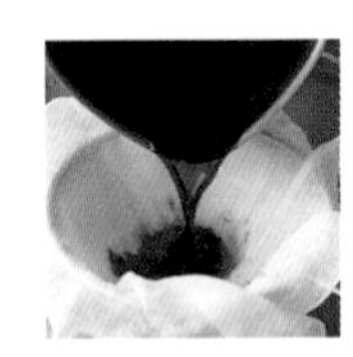

4 將茄子滾刀切，浸泡10分鐘鹽水（分量另計）後去除水分。用削皮器把櫛瓜的皮削去2～3處後滾刀切。將油炸用油加熱至170度，放入茄子和櫛瓜，把它炸得恰到好處。去除油脂後放進盆子裡，加入蘿蔔泥、1又½大匙③的高湯醬油後攪拌。

「高湯醬油」裝進保存容器裡並放涼，可以在冰箱內保存約1個月。泡出高湯的柴魚片若直接拌上醬油，可以當成海苔便當或是飯糰的配料來運用，如果用小火小心乾炒不把它炒焦，再加入泡出高湯的昆布末、醬油、味醂並確實炒到水份去除為止，就能做出自家製的香鬆。這裡也建議可以依個人喜好，加入芝麻或是山椒果實。

高湯醬油拌菇類和山茼蒿

材　料　2人分

舞菇…½包
山茼蒿…½束
菊花…適量
A［高湯醬油（參閱P12）、日本柚汁【譯註1】…各1大匙

做　法

1 將舞菇剝成便於食用的大小，用瓦斯爐的烤魚箱（或是平底鍋）烤成金黃色。

2 在鍋子裡把水煮開，放入少許鹽（分量另計）、山茼蒿、菊花，將它們稍微燙過之後擠去水分。山茼蒿切成5cm長。

3 在盆子裡將A的材料混在一起，加入①、②的材料後攪拌。

譯註1：此處的柚子（ゆず）不是台灣中秋節會吃的柚子（台灣的柚子日文稱為文旦ブンタン），而是一種柑橘類，中文又稱為香橙、羅漢橙。但坊間的柚子相關產品多直接稱為柚子，故此處譯為日本柚。
譯註2：カボス，又稱作酸橘、臭橙。

菊花用乾燥的或是生食用的都OK。拿它來配色，可以讓尋常的涼拌料理變得更為典雅。由於舞菇之類的蕈類是種水分較多的食材，所以在攪拌前先將它適當地烤過來凝聚鮮味，讓成品不會變得太濕。日本柚汁可以用檸檬、酸桔【譯註2】或酢橘等個人喜歡的品種來替代。

高湯醬油拌彩色蔬菜

材　料　**2人分**

甜椒（紅）…½個
南瓜…⅛顆
荷蘭豆…6個
高湯醬油（參閱P12）…1又½大匙

做　法

1 甜椒切成便於食用的大小，南瓜切絲。去除荷蘭豆的粗纖維。

2 在鍋子裡把水煮開，以少許鹽（分量另計）、甜椒、荷蘭豆、南瓜的順序放進鍋裡，燙個40～50秒後去除水分。將荷蘭豆斜對半切。

3 將高湯醬油、②的材料倒入盆子裡攪拌。

藉由稍微燙過來留住蔬菜的口感，可以品味到清脆而暢快的口感。由於高湯醬油是種與任何食材都很搭的萬能調味料，所以改用當季的食材或家裡有的材料來製作也沒有問題。這種時候，請邊試味道邊調整高湯醬油的分量。

三杯醋涼拌

讓人想要酒一杯接著一杯，清爽又帶有鮮味的三杯醋。
就算是感到疲勞或是沒有食慾的時候，也能讓人津津有味地享用。

三杯醋拌竹筴魚、秋葵、蘘荷

材　料｜2人分

竹筴魚（生魚片用）…1尾量
秋葵…2根
蘘荷…2根
鹽…少許
醋…1小匙

●三杯醋｜方便製作的分量

味醂…70ml
A
- 高湯…2杯
- 醋、淡味醬油…各3大匙
- 鹽…少許

做　法

1 製作三杯醋。將味醂倒入鍋裡加熱，煮到剩下⅔的量。

2 將A的材料加進①裡煮，煮開之後馬上關火，就這樣讓它冷卻。

3 竹筴魚上稍微撒點鹽、醋，放置約15分鐘。在鍋裡把水煮開並加入少量的鹽（分量另計），將秋葵稍微燙過並浸泡冷水後滾刀切。蘘荷則是切絲。把竹筴魚、秋葵、蘘荷放入盆子裡，加入3大匙②的三杯醋後攪拌。

把「三杯醋」裝進保存容器，放在冰箱可以保存約1週。如果有按部就班地製作三杯醋的話，味道會溫和到幾乎可喝的程度，連不喜歡醋類食品的男性也都會給予好評，大讚「好吃！」。

和風醃菜【*譯註3】

材　料　2人分

甜椒（紅、黃）…各½個
蘿蔔…5cm
芹菜…½根
A
- 三杯醋（參閱P16）…½杯
- 紅辣椒（去籽）…1根
- 鹽…1小匙

做　法

1 將甜椒切成便於食用的大小，蘿蔔、芹菜切成5cm長的棒狀。

2 在鍋裡把水煮開，放入少量的鹽（分量另計）並將①的材料稍微燙過，去除水分後放進盆子裡。

3 將A的材料倒入小鍋裡煮沸，倒進②的盆子裡把它整個攪拌過，就這樣放著去除餘熱。

譯註3：此處的醃菜為Pickles，原來是指西式的醃漬菜，這裡則是特別做成了和風口味。

往放有蔬菜的盆子裡加入調味醬汁之後，要以好像要包含很多空氣一樣來攪拌。這麼一來調味醬汁會比較容易冷卻，也會比較容易入味。另外，製作酸菜時，盡可能統一食材大小也很重要。如此一來才會均等地入味，也會顯得比較美觀。

三杯醋拌蝦子、海帶芽、小黃瓜

材 料 2人分

蝦子…6尾
海帶芽（乾燥）…2小匙
小黃瓜…1根
A［ 酒、日本太白粉【*譯註4】
…各1小匙
鹽…少許
三杯醋（參閱P16）…4大匙
薑絲…1截【*譯註5】的量

做 法

1 蝦子剝殼後去掉腸泥，並按照書中的順序抹上A的材料。在鍋裡把水煮開並加入少量的鹽（分量另計），將蝦子煮到變色後去除水分。海帶芽泡水泡發之後去除水分。小黃瓜切成薄薄的圓片，用鹽搓揉後擠乾水分。

2 將①的材料、三杯醋倒入盆子裡攪拌。裝進容器裡並配上一點薑。

譯註4：又稱為片栗粉，原本是以片栗花（豬牙花）製成，現在大多以馬鈴薯為原料。台灣的太白粉則是用樹薯製成。
譯註5：約大拇指第一指節的大小。

海帶芽、小黃瓜、魚貝類是醋類食品的王道組合。正因如此，可以更加實際地感受到親手製三杯醋的美味。蝦子抹上酒和日式太白粉之後再下去燙，做出飽滿有彈性的口感！這個做法並不僅限於涼拌料理，要使用燙過的蝦子時，這道手續將會改變成品的味道，請務必嘗試看看。

芝麻涼拌

不使用芝麻醬而可以品嚐到芝麻酥鬆口感的菜色。
由於芝麻調味料可以預先製作，建議多做一些備用。

芝麻拌蘆筍

材　料｜2人分

綠色蘆筍…5根

●芝麻調味料｜**方便製作的分量**

炒白芝麻…35g
A［ 砂糖、醬油…各1又½小匙

做　法

1 製作芝麻調味料。將A的材料倒入盆子裡混合好後，混入白芝麻。

2 切去蘆筍根部較硬的部分，用削皮器削去下方5cm左右的皮。在鍋裡把水煮開並加入少量的鹽（分量另計），將蘆筍燙個1分30秒左右後，浸泡冷水並去除水分。斜切成便於食用的長度後放入盆子裡，加入1又½大匙①的涼拌調味料後攪拌。

「芝麻調味料」裝進保存容器，放在冰箱可以保存2～3天。涼拌調味料只需要把所有的材料混在一起，非常簡單。光是拌在食材上，就能輕鬆添加芝麻的香濃、鮮味以及營養。蘆筍燙過之後馬上浸泡冷水有防止褪色的效果，可以保有鮮明的綠色。

芝麻拌雞柳和四季豆

材料　2人分

雞柳…4條
四季豆…10根
鹽…少許
酒…適量
A
- 芝麻調味料（參閱P20）…3大匙
- 醋…½大匙

做法

1 將雞柳放入小鍋裡撒上鹽巴，放置約10分鐘。加入酒並讓雞柳稍微露出水面，用中火煮滾。雞柳下方變白之後翻面並蓋上蓋子，繼續加熱直到表面整個變白，放置片刻後關火。蓋著蓋子去除餘熱後，將雞柳取出剝成細絲。

2 在鍋裡把水煮開，加入少量的鹽（分量另計），將四季豆燙個1分鐘左右之後去除水分，斜切成5cm長。

3 將①、②、A的材料倒入盆子裡攪拌。

燉煮出濕潤的雞柳是美味的重點。先撒鹽再用酒蒸過，可以抑制臭味並做出多汁的口感。接著在燉煮後不要馬上拿出，直接放在鍋裡去除餘熱就可以防止雞肉變柴。芝麻調味料加醋會變得更加爽口！也很適合當成便當的配料。

芝麻拌花椰菜

材　料　2人分

花椰菜…¼株

A
- 芝麻調味料（參閱P20）…3大匙
- 孜然…½小匙

做　法

1 將花椰菜小朵小朵切開。在鍋裡把水煮開，加入少量的鹽（分量另計），將花椰菜稍微燙過之後去除水分。

2 在盆子裡將A的材料混合之後，加入①的材料攪拌。

在咖哩或特色料理中會用到的「孜然」，其實與芝麻涼拌這類的和食也非常的搭。只要在芝麻調味料裡混入一點點的孜然，芝麻涼拌就會升級，帶有更加濃郁的香氣。尋常的味道裡出現變化，為餐桌增添了色彩。

豆腐涼拌

無論哪個世代都非常熟悉的涼拌料理代表，那就是豆腐涼拌。
蒐羅了在好想吃、好懷念等等的時候，將會成為珍寶的菜色。

豆腐拌菠菜

材　料　2人分

絹豆腐…½塊（150g）
菠菜…1束
淡味醬油…1又½小匙
白芝麻醬…1大匙

A［砂糖…2大匙
　 淡味醬油…1大匙］
鹽…1撮

做　法

1 用紙巾把豆腐包起來，再用鐵盤之類的器具將它夾住，確實去除水分。

2 在鍋裡把水煮開並加入少量的鹽（分量另計），將菠菜稍微燙過之後去除水分。切成便於食用的長度後拌上淡味醬油，稍微放置之後擠去水分。

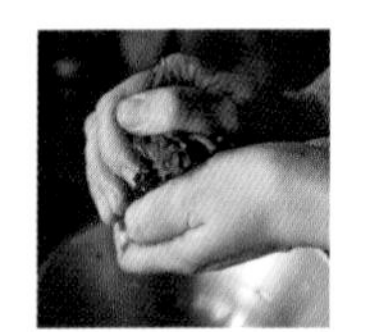

3 將①的材料和芝麻醬倒入磨缽中搗磨，加入A的材料之後再次搗磨。

4 試試③的味道，如果太淡就加點鹽巴，再加入②的材料攪拌。

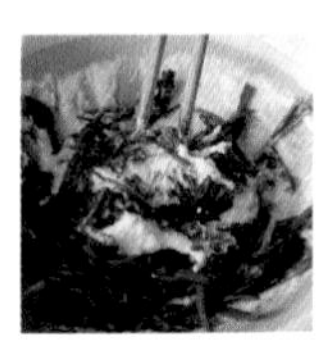

Memo

砂糖是用洗雙糖和甜菜糖這類精製度較低，可以感覺到自然甘甜的種類，能夠享受到豆腐涼拌特有的親切滋味。沒有磨缽時，也可以用盆子來製作。沒有白芝麻醬時，請在磨缽內研磨兩倍量的（2大匙）的白芝麻粉來用。

豆腐拌百合根和蔥

材　料　2人分

絹豆腐…½塊（150g）
百合根…1株
蔥…1根
白芝麻醬…1大匙
A　砂糖…2大匙
　　淡味醬油…1大匙
鹽…1撮

做　法

1 用紙巾把豆腐包起來，再用鐵盤之類的器具將它夾住，確實去除水分。

2 從外側將百合根1片片剝下，如果有傷到的呈褐色之類的部分，則用菜刀將它削去。蔥斜的切片。

3 在鍋裡把水煮開並加入少量的鹽（分量另計），依序由大的百合根開始放起，燙個1～2分鐘後去除水分。把蔥加入同一鍋熱水中，稍微燙過之後去除水分。

4 將①的材料、芝麻醬倒入磨缽裡搗磨，加進A的材料後繼續搗磨。試試味道，如果太淡就加點鹽巴，再加入③的材料攪拌。

豆腐、百合根、蔥…，網羅了各種白色的食材，外觀漂亮而整齊。另外，由於所有使用的食材口感都不一樣，加入滑順的豆腐涼拌裡的熱熱百合根以及清脆爽口的蔥，讓人不會覺得膩。在百合根上若是沾有木屑之類的東西，請用流水溫柔地將它洗去。

豆腐涼拌柿子乾和山茼蒿

材 料 2～3人分

絹豆腐…½塊（150g）
柿子乾…1個
胡蘿蔔…⅓根
鴻喜菇…½包
山茼蒿…½束
蒟蒻絲…½袋（100g）
淡味醬油…1小匙
白芝麻醬…1大匙
A ┌ 砂糖…2大匙
  └ 淡味醬油…1大匙
鹽…1撮

做 法

1 用紙巾把豆腐包起來，再用鐵盤之類的器具將它夾住，確實去除水分。

2 柿子乾切成5mm厚薄片，胡蘿蔔切成條狀。鴻喜菇剝成便於食用的大小。

3 在鍋裡把水煮開，依少量的鹽（分量另計）、山茼蒿、胡蘿蔔、鴻喜菇、蒟蒻絲的順序，將它們稍微燙過之後去除水分。將山茼蒿切成便於食用的長度並拌上淡味醬油，稍微放置一會之後擠去水分。蒟蒻絲如果太長，就將它切成好食用的大小。

4 將①的材料、芝麻醬倒入磨缽裡搗磨，加進A的材料後繼續搗磨。試試味道，如果太淡就加點鹽巴，再加入③的材料、乾柿子攪拌。

Memo

用無花果乾來代替柿子乾也很適合。乾燥水果的自然甜味會成為豆腐涼拌的調味，讓整個味道變得更加文雅。有大量配料的豆腐涼拌，每一口都能享受到不同的味道，飽足感也是◎。

醋味噌涼拌

醋味噌是把加了蛋黃和砂糖的「雞蛋味噌」，用醋稀釋之後製成。
香味滿點，雞蛋味噌的豐富鮮味，讓醋味噌涼拌的味道更上一層樓。

醋味噌拌油菜和花蛤

材　料｜2人分

油菜…½束
花蛤（貝肉）…100g
A［醋…1小匙／芥末醬…¼小匙］
酒…1大匙

●雞蛋味噌｜方便製作的分量

蛋黃…1顆量
味噌…200g
砂糖…80g
酒…2大匙
味醂…1又½大匙

做　法

1 製作雞蛋味噌。將所有的材料倒入小鍋裡混合，用小火熬煮到光澤出現。

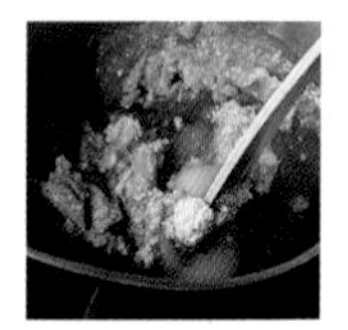
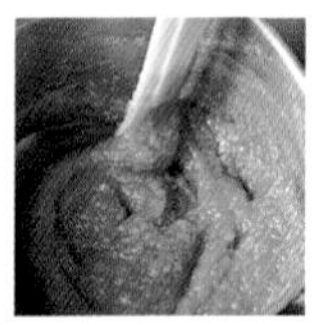

2 將2大匙①的雞蛋味噌、A的材料加入盆子裡仔細混合。

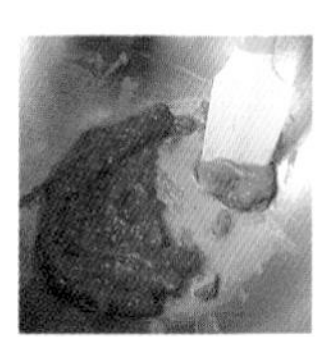

3 在鍋裡把水煮開，加入少量的鹽（分量另計）、油菜，將它稍微燙過後去除水分，切成便於食用的長度。將酒、花蛤放入同一鍋熱水裡，燙個30秒左右之後去除水分。將油菜、花蛤加進②的盆子裡攪拌。

「雞蛋味噌」裝進保存容器，放在冰箱約可以保存1～2個月。用小火熬煮時，請注意不要煮焦了。當質地變得不再水水的時候，用木鍋鏟之類的廚具將它鏟起來看看，如果不會軟爛地垂落下來那就完成了。依味噌的不同，也會有對麴粒感到介意的情況，這種時候就用濾網等器具來過濾，讓它變得滑順些。將雞蛋味噌直接塗在蒟蒻或油豆腐上並恰當地烤過之後，也會是一道絕品。

醋味噌拌螢火魷和獨活

材　料　2人分

螢火魷（煮好的）…約100g
獨活…½根

A
- 雞蛋味噌（參閱P28）…2大匙
- 醋…1小匙
- 芥末醬…¼小匙

薑絲…½截的量

做　法

1 除去螢火魷的眼睛、嘴巴和軟骨。獨活用鬃刷仔細刷洗，剝皮之後用滾刀切細切成5cm長。

2 在鍋裡把水煮開並加入少量的鹽（分量另計），將獨活燙個1～2分鐘後去除水分。

3 將A的材料倒入盆子裡仔細混合。

4 將螢火魷、②的材料、薑加進③裡攪拌。

譯註6：金平料理是種用醬油、味醂、砂糖來調味，拌炒條狀或刨絲蔬菜的料理。例如金平牛蒡等。

醋味噌涼拌要依據食材的不同，一邊試試味道一邊調整醋和芥末醬的分量，請找出自己喜歡的搭配吧！把獨活的皮剝得較厚一些並切絲，做成金平【*譯註6】料理的話，就能夠既不浪費又美味地來使用它。

醋味噌拌酪梨和日本分蔥【*譯註7】

材料 2人分

酪梨…1顆
分蔥…3根

A
- 雞蛋味噌（參閱P28）…2大匙
- 醋…1小匙
- 芥末醬…¼小匙

做法

1 酪梨切3cm方塊丁。在鍋裡把水煮開並加入少量的鹽（分量另計），將日本分蔥稍微燙過之後去除水分，切成5cm長。

2 將A的材料倒入盆子裡仔細混合。

3 將①的材料加進②裡攪拌。

稍微燙過的日本分蔥和酪梨黏糊而濃厚的口感，與帶點甜味的醋味噌非常搭。為了在攪拌時不把酪梨的形狀打爛，將它稍微切得大塊一些，可以做出分量滿滿的感覺。

第2章

涼拌蔬菜

味道、口感、香氣…
為了活用這類蔬菜所擁有、珍藏的特性，
盡可能採用了單純的調理方式或調味。
轉眼間就能完成，美味得令人吃驚！
蒐羅了各種能夠實際體會到蔬菜美味的涼拌料理。

白高湯、柚子胡椒拌根菜類與菇類

材　料｜2～3人分

蓮藕…⅓節
牛蒡…½根
芋頭…4顆
鴻喜菇…1包
芝麻油…1大匙
A ┌ 白高湯醬油（參閱P122）…1又½大匙
　└ 柚子胡椒…½小匙

做　法

1 蓮藕切成7mm厚的圓片，浸泡醋水（分量另計）5～10分鐘後去除水分。牛蒡斜切成7mm寬，芋頭縱切成4分。鴻喜菇剝成便於食用的大小。

2 將芝麻油倒入較大的平底鍋裡，擺上①的材料後，用中火煎到整個變得焦黃。

3 將A的材料倒進盆子裡混合後，再加入②的材料攪拌。

像是要煮乾蔬菜的水分一樣，將它慢慢地煎成微焦的狀態，就能將鮮味凝聚起來。依個人喜好，用烤箱或瓦斯爐的烤魚箱來把它烤得恰到好處也OK。蓮藕泡醋水可以去除澀味，並防止變色。

燒烤風涼拌南瓜和番薯

材料 2～3人分

南瓜…¼顆
番薯…1根
胡桃、杏仁果…合計30g
A
- 橄欖油…1大匙
- 鹽…少許

B
- 洋蔥末…⅙顆的量
- 蜂蜜、西式顆粒芥末…各1大匙
- 白酒醋（或者醋）…1小匙
- 鹽、胡椒…各適量

做法

1 將烤焙紙鋪在桌面上並擺上胡桃、杏仁果，用加熱至160度的烤箱烤個10分鐘左右，烤到稍微帶一點金黃色。去除餘熱，弄碎成個人喜歡的大小。

2 南瓜、番薯切成一口大小，放入盆子裡拌上A的材料。

3 將烤焙紙鋪在桌面上並擺上②的材料，用加熱至180度的烤箱烤個15分鐘左右，烤到變成金黃色。

4 將B的材料放入盆子裡混合，加入③的材料攪拌。加點①的材料做點綴，簡單攪拌一下。

可依個人喜好拌入30～50g的鮮奶油乳酪丁，會品味到別具一格的濃郁滋味。不用烤箱時，也可以把它擺在平底鍋裡，蓋上蓋子慢慢地煎過。細心煎過之後，會增添南瓜和番薯的鮮味與甜味。

魚露、檸檬汁拌豆芽菜

材　料　2～3人分

豆芽菜…1袋

A
- 檸檬汁…½顆的量
- 魚露…2小匙
- 胡椒…少許

香菜…有的話適量

做　法

1. 在鍋裡把水煮開並加入少量的鹽（分量另計），將豆芽菜稍微燙過之後，仔細地去除水分。
2. 將①、A的材料倒入盆子裡攪拌。裝進容器裡，添上切成大片的香菜。

用泰式魚露的香醇和檸檬清新的風味，為平淡無味的豆芽菜做出充足的滋味。依個人喜好加入芝麻油也是◎。豆芽菜的調味或菜色往往會變得千篇一律，找出新的魅力，就能拓展料理的廣度。

涼拌烤香菇和日本分蔥

材 料　2人分

香菇…4朵
日本分蔥…4根
A［高湯醬油（參閱P12）…1大匙
　 檸檬汁…2小匙

做 法

1 香菇切片，日本分蔥切成5cm長。
2 將①的材料擺在平底鍋裡用中火煎，煎到變成金黃色。
3 將②、A的材料倒入盆子裡攪拌。

沒有高湯醬油的話就改用醬油。沒有香菇的話，就請拿舞菇或鴻喜菇等其他的菇類代換。當然，如果是沒有日本分蔥的話，就用蔥來做變換。不要認定沒有某項食材就無法製作了，用手邊的食材來代替也沒關係，所以，如果能重視先『試著做做看』的話，做菜就會有所進步。

涼拌埃及國王菜【*譯註8】和山藥

材　料　2人分

埃及國王菜…1束
山藥…5cm
橘醋醬油【*譯註9】（參閱P122）
…1又½大匙
柴魚片…1包（3g）

做　法

1 在鍋裡把水煮開並加入少量的鹽（分量另計），將埃及國王菜稍微燙過之後去除水分，切成5cm長。山藥切成棒狀。

2 將①的材料放進盆子裡，加入橘醋醬油、柴魚片攪拌。

譯註8：埃及國王菜，又稱葉用黃麻。原產自埃及，因為醫生用它熬湯為埃及國王治病而得名。在日本稱之為磨羅黑野、縞綱麻。
譯註9：原文為ポン酢，又稱桔醋或橙醋，是一種使用柑橘類果汁的和風調味料，一般多指橘醋醬油。

Memo

埃及國王菜和山藥這類以黏糊口感為特徵的蔬菜，非常適合爽口的調味。就算只有橘醋醬油和柴魚片也非常好吃，但搭配當下的心情，加入梅肉或切碎的青紫蘇、蘘荷也是非常的搭。

鹽昆布拌青椒

材　料　2人分

青椒…3個
鹽昆布…1大匙
炒白芝麻…2小匙

做　法

1 將青椒直對半切後細切。
2 將①的材料、鹽昆布放進盆子裡用力搓揉後去除水分。加點白芝麻做點綴並攪拌。

攪拌青椒和鹽昆布時如果出水的話，請確實將它去除。即使不加調味料，鹽昆布與白芝麻樸素的鮮味也會讓人回味無窮，是種會上癮的味道。對於不是很喜歡青椒的人，加點美乃滋就會比較容易入口。

涼拌甜菜【*譯註10】、紅蘿蔔、橘子

材 料 2人分

水煮甜菜罐頭（薄片）…4片
紅蘿蔔…½根
柳橙…1顆
孜然…½小匙
橄欖油…1小匙
鹽、胡椒…各適量
義大利巴西利【*譯註11】…適量

做 法

1 水煮甜菜切成1cm寬，紅蘿蔔切成較細的不規則形狀。橘子剝除外皮和橘絡取出果肉。

2 將橄欖油和孜然倒入平底鍋裡用小火煎炒，等香味出來之後，加入紅蘿蔔拌炒，並撒上鹽、胡椒。

3 將甜菜、柳橙、②的材料放入盆子裡攪拌，加入切碎的義大利巴西利，簡單攪拌一下。

譯註10：又稱為紅菜頭。
譯註11：Italian Parsley，又稱平葉巴西利、平葉芫荽、義大利香菜。

以好看的紅紫色為特徵的甜菜是種非常硬的蔬菜，所以建議使用水煮罐會比較好處理。隱約帶著甜味的清淡味道，與柑橘類極為速配。或是加入美乃滋，做成馬鈴薯沙拉風的調味，拿來當成三明治的配料也是◎。使用生甜菜時，請連皮一起煮個40分鐘～1個小時。

涼拌烤蠶豆和蘘荷

材料　2人分

蠶豆…8根
蘘荷…2顆
A 橄欖油…½大匙
　鹽、胡椒…各適量

做法

1 將蠶豆連同豆莢用瓦斯爐的烤魚箱烤得微焦後，把它從豆莢內取出並剝皮。蘘荷切絲。
2 將①、A的材料放進盆子裡攪拌。

連同蠶豆豆莢一起用瓦斯爐的烤魚箱仔細地烤過，就可以增添蠶豆的甜味。為了充分品味蠶豆與蘘荷豐富的香氣，只使用鹽、胡椒、橄欖油，盡可能簡單地調味。想要做得好吃，素材本身的鮮味也不可或缺，在食材當季的時期請務必嘗試看看。

款冬味噌【*譯註12】拌春季時蔬

材 料｜2人分

水煮竹筍…½個（80g）
遼東楤木芽…2個
莢果蕨嫩芽【*譯註13】…6根
款冬花蕾…1個
芝麻油…½大匙
雞蛋味噌（參閱P28）…4大匙

做 法

1 將竹筍切成便於食用的大小。遼東楤木芽除去根部較硬的部分及葉鞘後，縱對半切，莢果蕨嫩芽切去根部較硬的部分。款冬花蕾切粗末。

2 製作款冬味噌。用中火在平底鍋裡熱芝麻油，放入款冬花蕾拌炒。加入雞蛋味噌，仔細拌炒到水分去除為止。

3 在鍋裡把水煮開，加入少量的鹽（分量另計），放入竹筍、遼東楤木芽、莢果蕨嫩芽燙約2分鐘後去除水分。將遼東楤木芽、莢果蕨嫩芽切成方便食用的大小。

4 將③、②的材料放入盆子裡攪拌。

譯註12：原文為蕗味噌，蕗（ふき）台灣稱之為款冬、蜂斗菜。而款冬的花蕾，日文稱之為蕗薹（ふきのとう）。
譯註13：クサソテツ（草蘇鐵）的嫩芽稱為コゴミ，草蘇鐵的中文學名為莢果蕨，別名黃瓜香。

Memo

帶有款冬花蕾苦味的「款冬味噌」，不管跟哪種蔬菜都很搭，所以請試著搭配各種時令食材看看吧！製作款冬味噌時，先把款冬的花蕾炒過可以防止變色。此外，如果加入雞蛋味噌，請確實將它熬煮到水分消失為止！

土佐風涼拌【*譯註14】烤竹筍

材料｜2人分

水煮竹筍…1個（160g）
柴魚片…1包（3g）
醬油…1大匙

做法｜

1 在鍋裡把水煮開，放入少量的鹽（分量另計）、竹筍，將它稍微燙過之後去除水分。切成方便食用的大小，擺進平底鍋用中火煎炒到微焦。

2 將①的材料、柴魚片、醬油倒入盆子裡攪拌。

譯註14：原文為土佐和え，由於土佐的鰹魚相當出名，使用鰹魚高湯或柴魚片之類的調理方式就會冠以土佐之名。

先川燙水煮竹筍來除去臭味，再將它好好地煎過，可以增添它的香氣變得更加美味。使用生竹筍時也一樣，由於它的有強烈的澀味，所以在煎炒之前要先燙過一次好除掉澀味。拌入柴魚片的土佐風涼拌，非常適合有嚼勁的食材。

XO醬馬鈴薯沙拉

材　料　2人分

馬鈴薯…2顆
小黃瓜…1根
洋蔥…½顆
水煮蛋…1顆
鹽…少許
A
- 美乃滋…4大匙
- XO醬…1大匙
- 鹽…適量

做　法

1 將馬鈴薯、大量的水、少量的鹽（分量另計）倒入鍋裡煮，直到能用竹籤輕鬆刺穿為止，煮約20分鐘。

2 小黃瓜切成薄的圓片，洋蔥切片。撒上鹽仔細搓揉之後去除水分。

3 馬鈴薯剝皮後放入盆子裡，將它搗成大塊狀。加入②、A的材料仔細攪拌，加點切粗碎的水煮蛋點綴，簡單攪拌一下。

Memo

加入XO醬可以大幅增添香濃與鮮味，可以品嚐到有深度的味道。如果多做一點就可以拿來當成便當的配料，或是沾上麵衣做成可樂餅。這種高泛用性也是馬鈴薯沙拉的優點。

柴漬【*譯註15】馬鈴薯沙拉

材　料　2人分

馬鈴薯…2顆
洋蔥…½顆
柴漬…80g
鹽…少許
A
- 美乃滋…4大匙
- 鹽…適量

做　法

1 將馬鈴薯、大量的水、少量的鹽（分量另計）倒入鍋裡煮，直到能用竹籤輕鬆刺穿為止，煮約20分鐘。

2 將洋蔥切片，撒上鹽仔細搓揉後去除水分。

3 馬鈴薯剝皮後放入盆子裡，將它搗成大塊狀。加入②、A的材料仔細攪拌，加點柴漬點綴，簡單攪拌一下。

譯註15：柴漬為京都三大傳統醃菜之一，是把茄子和小黃瓜切碎後，加入紅紫蘇葉並用鹽醃漬的一種醃菜。
譯註16：淺漬是把小黃瓜、蘿蔔、茄子之類的蔬菜，泡在調味醬汁裡一小段時間醃漬而成的醃菜，又稱即席漬、一夜漬。米糠漬是用乳酸菌讓米糠發酵後製成糠床，再把蔬菜放進裡面醃漬而成的醃菜。

像這份食譜一樣直接把柴漬加入馬鈴薯沙拉裡，享受它的口感雖然不錯，但也很推薦把它切細碎之後用來提味。用淺漬或米糠漬【*譯註16】等來取代柴漬也OK。剛剛好的鹹味，容易確立料理的味道。

黑醋拌小番茄

材　料　2～3人分

小番茄（紅、黃）…20顆

A
- 洋蔥末…1大匙多
- 蒜泥…¼瓣的量
- 黑醋…2大匙
- 蜂蜜…1大匙
- 鹽…1小匙
- 五香粉…可依喜好加入¼小匙

做　法

1 將A的材料裝進保存容器內混合。

2 在鍋裡把水煮開，放入小番茄。當皮捲起來後就用漏勺取出，浸泡冷水後剝皮。

3 將②的材料倒入①裡迅速攪拌，在冰箱裡冷藏半天。

由於它可以保存到3天左右，做好存放起來就能在稍微需要簡單搭配的時候派上用場。洋蔥盡可能切成細末調味料會比較容易入味。藉由黑醋與五香粉的搭配，輕輕鬆鬆就能享受到正統的中華風味。

懷舊的涼拌水果

材　料　2～3人分

香蕉…1根
蘋果…¼顆
鳳梨…50g
奇異果…1顆
草莓…6顆
動物性鮮奶油、砂糖、美乃滋…各3大匙
檸檬汁…可依喜好適量
薄荷…適量

做　法

1 將鮮奶油倒入盆子裡，用打蛋器打發至能拉出尖角。加入砂糖仔細混合之後，再放入美乃滋、依個人喜好的檸檬汁大致混合攪拌。

2 香蕉切成1cm厚的圓片，蘋果切成5mm厚的銀杏葉狀【*譯註17】。鳳梨、奇異果切成方便食用的大小，草莓摘去蒂頭。

3 將②的材料加進①裡攪拌。裝進容器裡，用薄荷裝飾。

譯註17：原文為いちょう切り，常用於切面為圓形的蔬菜上，做法為先縱的切十字後，再從邊端切片。

從古至今就是媽媽常做的懷舊家庭滋味。拌上鮮奶油和美乃滋，整合出恰到好處甜味與鹹味的平衡，與切得較大塊的水果非常搭配。搭配的水果請依個人喜好，選用當季或是經典的涼拌水果等。

青海苔橘醋拌炸山藥

材 料 2人分

山藥…10cm
油炸用油…適量
橘醋醬油（參閱P122）…1大匙
青海苔…適量

做 法

1 山藥切2cm方塊丁。
2 將①的材料放入加熱至170度的油炸用油裡，炸到金黃酥脆。
3 將②的材料、橘醋醬油倒入盆子裡攪拌，撒上青海苔點綴。

山藥不沾麵衣直接油炸，可以做出外酥內軟的口感。雖然直接吃就很好吃，但若在清淡的味道上補足青海苔或海苔絲的香味，或是用紅紫蘇香鬆或咖哩粉來增添風味的話，美味將會翻倍。

脆鹹蘿蔔

材　料　3～4人分

蘿蔔…½根
鹽昆布…1大匙
A
- 薑絲…½截的量
- 醬油…½杯
- 砂糖、醋…各1又½大匙
- 紅辣椒切花…1根量

梅乾…1顆

做　法

1. 蘿蔔切成銀杏葉狀並搓揉鹽昆布，放到變軟萎縮之後去除水分。
2. 將A的材料放入鍋裡煮沸，淋在①上之後攪拌，放置約30分鐘。
3. 去除梅乾的種籽後拍打果肉，加進②裡攪拌。

用鹽昆布搓揉蘿蔔，可以讓鮮味和鹹味確實滲透進去，味道容易定型。對於經典的甜鹹味，請用梅乾來加上點綴。如果有這道脆鹹蘿蔔，不管幾碗飯都吃得下去，是相當危險的美味。

涼拌香味蔬菜和帕馬森起司

材料 2～3人分

水芹…½束
山茼蒿…½束
香菜…½束
A 芝麻油…1大匙
A 鹽、帕馬森起司…各適量

做法

1 將水芹、山茼蒿、香菜切成便於食用的長度。
2 將①、A的材料放進盆子裡攪拌。

葉菜類攪拌之後，隨著時間的經過，會因為調味料的水分和油分而變軟。為了活用它新鮮的口感，確實去除水分並在要吃之前才拌上調味料，以及裝盤時讓它像是飽含空氣一樣的蓬鬆非常重要。

辣白菜

材　料　2～4人分

白菜…¼株（500g）
鹽…1小匙
芝麻油…2大匙
薑絲…1截的量
辣椒絲…適量
A［ 醋、砂糖…各3大匙

做　法

1 白菜切成1cm寬。放進盆子裡撒上鹽，仔細搓揉之後擠去水分。

2 將芝麻油、薑、辣椒絲放入平底鍋裡用小火煎炒，炒到香味出來之後，加入A的材料煮開。

3 將②的材料加進①裡仔細攪拌，放進冰箱1小時左右來冷卻。

中華風醃漬白菜「辣白菜」。由於白菜撒鹽並擠乾之後體積會減少，就算做得多一點，也會在轉眼間就吃個精光。由於可以保存約1週，所以也很推薦不直接吃，拿來拌炒豬肉或是加進火鍋料理來做變化。

涼拌馬鈴薯絲和香菜

材　料｜ 2人分

馬鈴薯…1大顆
香菜…2株
A［魚露、芝麻油…各1又½小匙
　 山椒…適量

做　法

1 馬鈴薯切絲。
2 在鍋裡把水煮開並加入少量的鹽（分量另計），放入①的材料燙個1分鐘～1分30秒後去除水分。
3 香菜切成5cm長放進盆子裡，加入②、A的材料攪拌。

為了保留馬鈴薯脆脆的口感，放進熱水裡變得透明之後就要馬上取出。盡可能地將它切成細絲，既比較容易熟透，口感也會變得比較好。魚露可以很簡單地為味道清淡的食材補足深度，能靈活運用的話，就可以增加調味的豐富度。

煎酒拌炸牛蒡和京水菜【*譯註18】

材 料　2人分

牛蒡…1根
京水菜…½束
油炸用油…適量
煎酒（參閱P124）…1～1又½大匙

做 法

1 牛蒡用剝皮器削成細長條狀，浸泡醋水（分量另計）約10分鐘後，仔細去除水分。京水菜切成5cm長。

2 油炸用油加熱到150～160度，放入牛蒡炸到酥脆金黃。

3 將②的材料、京水菜、煎酒倒入盆子裡，簡單攪拌一下。

譯註18：ミズナ，日本的漢字寫作水菜，由於原產地在京都，又稱為京水菜，也稱為日本蕪菁。

由於牛蒡容易焦掉，要用低溫油慢慢油炸才能炸得酥脆可口。為了留住炸牛蒡的香味和口感，要吃之前才與其他的蔬菜和調味料大致攪拌，如此就能品嚐到最佳狀態。

把食材當成調味料

加入堅果或梅乾這類『可以當成調味來使用的食材』，
涼拌料理的變化幅度將會瞬間變得廣闊。
運用素材特有的鮮味，做出只靠調味料所做不出來的，更為顯著的美味。

堅果

簡單地用杏仁果、胡桃、腰果之類的堅果類來增添香氣是自不待言，也可以為往往容易顯得單調的口感做出改編。用於涼拌料理時，請先乾炒過一次之後再把它加進去。

鹽昆布

可以直接拌在白飯上的鹽昆布，能為食材補上絕妙的鹹味以及昆布典雅的鮮味。用鹽昆布搓揉食材來取代鹽巴，既可以去除多餘的水分，還能添上鹽昆布的鮮味。

番茄乾

比新鮮番茄更為香醇，光是加入番茄乾就能成為別具風味的美味涼拌料理。不論是和風、洋風還是中華風的調味都可以運用，常備起來會非常方便。

續隨子

這是種用續隨子的花蕾做成的西式酸菜。即使只加少少一點，吃下去時一粒粒的口感以及令人暢快的酸味就會在嘴裡散開，用更上一級的滋味包裹住整個涼拌料理。也具有消除魚貝類及肉類臭味的效果。

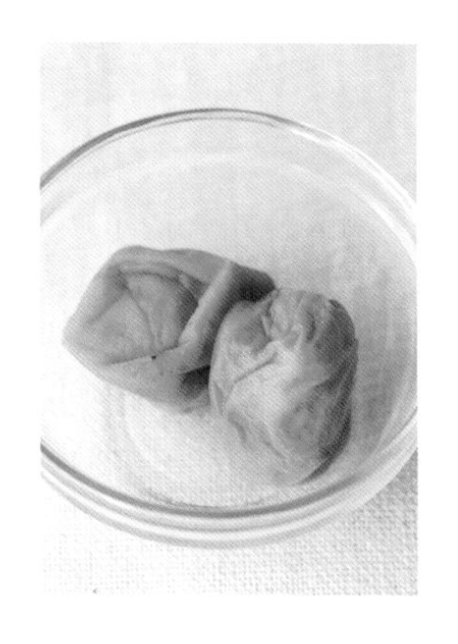

梅乾

和食中所不可或缺的梅乾，對涼拌料理來說也是一種便利的食材。只要加入這種暢快的酸甜滋味，就會緊緊鎖住味道並勾起食欲。梅乾漂亮的顏色，也讓外觀變得更加好看。

第 3 章

肉類涼拌

有著扎扎實實飽足感的涼拌料理，
即使當成正餐的主角也能讓人感到十分滿足。
充分發揮了肉擁有的味道，
這類菜色兼具有讓人想一再製作的美味，
以及馬上就能做好的簡便。

橘醋拌涮豬肉

材　料　2人分

涮豬肉片…300g
蘘荷…2顆
青紫蘇…5片
蔥…½根
薑…1截
橘醋醬油（參閱P122）…2大匙

做　法

1 將蘘荷、青紫蘇、蔥、薑切絲。蘘荷短暫泡水之後去除水分。

2 在鍋裡把水煮開，加入少量的酒（分量另計）後關火，一次放入2～3片的豬肉。肉變色後馬上取出，並確實去除水分。

3 將①、②的材料放入盆子裡混合，要吃的時候再加入橘醋醬油攪拌。

將水煮沸後關火之後再放入豬肉，豬肉會柔軟的令人吃驚。如果開著火直接涮肉片，豬肉會被燙得太熟而變硬，所以請特別留意。若是放入豬肉之後熱水溫度降低的話，再次煮沸來保持溫度即◎。

涼拌肉味噌和牛蒡

材　料　**2人分**

肉味噌（參閱下述）…2大匙
牛蒡…1根
油炸用油…適量

做　法

1 牛蒡斜切成1cm寬。

2 將油炸用油加熱至150～160度，放入牛蒡炸到金黃酥脆。

3 將肉味噌放進平底鍋加熱然後關火。加入②的材料後迅速攪拌。

●肉味噌　**方便製作的分量**

豬絞肉…200g
蒜末…1瓣量
薑末…1截的量
蔥末…½根量
芝麻油…1小匙
A　味噌…100g
　　砂糖…2大匙
　　味醂、醬油…各1大匙

做　法

1 將芝麻油、大蒜、薑、蔥放入鍋裡用小火慢慢拌炒。

2 將豬絞肉加進①裡，轉成中火仔細拌炒。肉變色之後，倒入A的材料仔細混合，並把湯汁煮乾。

「肉味噌」裝進保存容器，放進冰箱裡約能保存1週。肉味噌是種可以廣泛範圍的優秀常備菜，像是直接倒在飯上吃、拌炒冬粉和雞蛋，或是拌在烤得微焦的蔬菜上等等。庫存起來的話，將會成為每天煮菜時的可靠後援。

青紫蘇青醬拌煮雞肉

材料 2人分

雞胸肉…1塊
蔥綠…1根量
薄薑片…½截的量
鹽麴（參閱P126）…1大匙
A
- 胡桃（或杏仁果）…15g
- 腰果…15g
- 白芝麻粉…1大匙

B
- 青紫蘇…40片
- 蒜泥…½瓣量
- 橄欖油…2大匙
- 梅醋（或檸檬汁）、味噌…各2小匙

做法

1 製作煮雞肉。將鹽麴塗在雞肉上，放置約1小時。放進鍋裡，並加上蔥、薑，加水到蓋過雞肉後開小火。在快煮開前關火，就這樣放涼。

2 將A的材料放進平底鍋用小火乾炒。放進果汁機後，加入B的材料攪拌。

3 將①的煮雞肉剝成細絲之後，加入②的材料攪拌。

「煮雞肉」連同湯汁一起裝進保存容器，放在冰箱裡可以保存4～5天。凝聚了雞肉鮮味的湯汁，光是用鹽來調味就能當成湯品來用。雞肉剝成絲，就能很好地沾上青紫蘇青醬，口感也會變好。有著絕妙的青紫蘇香氣與堅果濃郁香味的醬汁，搭配義大利麵也是一道絕品。是種會讓人上癮的美味。

橘醋拌煮雞肉和蒸高麗菜

材料 2人分

煮雞肉（參閱上述）…½塊
高麗菜…¼顆
薑絲…1截的量
橘醋醬油（參閱P122）…2大匙

做法

1 將煮雞肉剝散，高麗菜切成便於食用的大小。

2 在鍋裡把水煮開並加入少量的鹽（分量另計），將高麗菜稍微燙過之後，仔細去除水分。

3 將煮雞肉、②的材料、薑、橘醋醬油倒入盆子裡攪拌。

因鹽麴的效果而煮得濕潤、柔軟的煮雞肉變化菜色。既健康又有飽足感，在不小心吃太多的日子裡當成晚餐，或者是減肥中都非常推薦。預先做好煮雞肉的話，只要拌上稍微燙過的高麗菜馬上就能完成。

檸檬拌牛肉和香菜

材 料 2人分

涮牛肉片…200g
香菜…5～6株
鹽…1又½小匙
胡椒…適量
檸檬…½顆

做 法

1 在鍋裡把水煮開，加入少量的酒（分量另計）並關火，一次放入2～3片牛肉。肉變色後馬上取出，確實去除水分（※中途熱水溫度下降的話，再次將它煮沸並關火）。香菜切得大片一點。

2 將牛肉放進盆子裡，撒上鹽、胡椒後加入香菜攪拌。要吃的時候再擠上檸檬汁。

將牛肉撒滿鹽、胡椒來確實調味。用來點綴的檸檬會勾起食慾，不管是飯還是酒，都會讓人不斷地一口接著一口。由於可以瞬間做好又好吃得讓人吃驚，是道會在不知不覺間提高出場率的菜色。

涼拌雞柳和榨菜

材料 2人分

雞柳…2份
榨菜（已調味）…50g
蔥…½根
鹽…少許
酒…適量
A
- 芝麻油…1又½小匙
- 醬油…½小匙
- 鹽…適量

做法

1 將雞胸柳放入小鍋裡並撒上鹽，放置約10分鐘。加入酒並讓雞柳稍微露出水面，用中火把它煮開。雞柳下方變白之後翻面並蓋上蓋子，繼續加熱直到表面整個變白，放置片刻後關火。蓋著蓋子去除餘熱後，將雞柳取出剝成細絲。

2 榨菜細切。蔥斜的切片之後，泡水約15分鐘並去除水分。

3 將①、②、A的材料倒入盆子裡攪拌。

使用無添加且調味好的榨菜會比較方便。泡水可以抑制蔥嗆鼻的辣味，讓它變得比較好入口。另外，也能當成下酒菜，或是在想吃辣的時候加入少量辣油，可以品嚐到不同風味的味道。

涼拌雞絞肉和芋頭

材料 2人分

雞絞肉…150g
芋頭…5顆
A ┌ 蒜泥、薑泥
　│ …各½瓣、截的量
　└ 鹽麴（參閱P126）…1又½大匙
胡椒…適量

做法

1 芋頭剝皮後放入鍋裡，倒入大量的水並加入少量的鹽（分量另計）。開中火，直到能用竹籤輕鬆刺穿為止煮約15分鐘，去除水分。

2 用大火加熱平底鍋後放入絞肉煎炒。肉變色之後，再加入A的材料拌炒。

3 將①的材料倒入盆子裡搗爛，加入②的材料、胡椒後攪拌。

譯註19：又稱為珠蔥。

不使用多餘的油脂，而是使用以氟樹脂加工過的不沾平底鍋將雞絞肉一口氣炒好，就可以做得相當清淡。另外，採用鹽麴來調味，就會變成鬆鬆軟軟的口感，和黏糊糊的芋頭非常搭。

香味涼拌酥脆豬肉

材　料　2人分

薄切豬五花肉…200g

A
- 萬能蔥【*譯註19】切花…3根量
- 薑末、蒜末…各½截、瓣的量
- 醋、蜂蜜…各2大匙
- 醬油…1大匙
- 紅辣椒切花…適量
- 五香粉…有的話¼小匙

做　法

1 豬肉切成一口大小放進平底鍋，用中火將兩面都煎得酥脆。取出放到紙巾上，去除多餘的油脂。

2 將A的材料倒入盆子裡混合，要吃的時候加入①的材料攪拌。

豬五花肉煎過之後會溶出油脂來，所以就算不用油也能煎得酥酥脆脆。豬肉香噴噴的金黃色直接與鮮味連結在一塊，因此確實將它煎過就是製作得美味的訣竅。此外，去掉豬肉煎過之後多餘的油脂，可以消除油膩的味道，而加入大量佐料的香味，不管跟什麼食材都會很搭。

涼拌雞腿肉和秋葵

材　料　2人分

雞腿肉…1塊
秋葵…6根
鹽、胡椒…各適量

做　法

1 雞肉去皮後切成一口大小，分別撒點鹽、胡椒並仔細揉捏。秋葵去掉蒂頭後撒上少許鹽，放在砧板上搓揉。在鍋裡把水煮開並加入少量的鹽，將秋葵燙過之後去除水分，斜對半切。

2 熱好平底鍋，將雞肉兩面煎得恰到好處。關火後加入秋葵，分別撒點鹽、胡椒並攪拌。

Memo

因為調味只有鹽、胡椒，煎得香酥可口的雞肉鮮味會變得更加明顯。此外，如果依個人的喜好加入咖哩粉來做成香辣口味的話，就會變成具有飽足感的味道。將秋葵相互搓揉來去除絨毛，會讓口感變得更好。

芝麻醋拌雞皮和鴨兒芹【*譯註20】

材　料　2人分

雞皮…1片量
鴨兒芹…1束
醬油…1小匙
醋…½小匙
炒白芝麻…適量

做　法

1 將雞皮放入平底鍋，用中火將兩面煎得酥脆。取出雞皮細切成7mm寬。

2 在鍋裡把水煮開並加入少量的鹽（分量另計），將鴨兒芹稍微燙過之後去除水分，切成便於食用的長度。

3 將②的材料、醬油、醋倒入盆子裡攪拌，再加入①的材料、白芝麻簡單攪拌一下。

譯註20：又稱為野蜀葵、山芹菜。日本名為三葉（三つ葉）。

將上述「涼拌雞腿肉和秋葵」中剝掉的雞皮，拿來配上鴨兒芹和白芝麻做成了一道美味的菜！煎得酥脆的雞皮口感相當不錯，非常的美味。就這樣把它丟掉那就太可惜了，請務必嘗試看看！鴨兒芹先用醬油來調味，藉此將會確立出整體的味道。

辣味涼拌牛肉和小黃瓜

材　料｜**2人分**

烤牛肉用肉…200g
小黃瓜…1根
洋蔥…¼顆
鹽…適量
胡椒…少許

A
- 醬油…1又½大匙
- 醋…1大匙
- 砂糖…½大匙
- 豆瓣醬（或韓式辣醬【*譯註21】）…½小匙
- 炒白芝麻、辣椒絲…各適量

做　法｜

1 小黃瓜撒上少量的鹽後放在砧板上搓揉，用杵敲開並切成便於食用的大小。洋蔥切片，泡水10分鐘左右之後去除水分。

2 牛肉撒上少許鹽、胡椒，放入熱好的平底鍋裡煎。

3 將A的材料放進盆子裡混合，加入①、②的材料攪拌。

譯註21：又稱苦椒醬或紅辣椒醬。

牛肉 × 甜鹹味，做成精力滿點的一盤菜！是在炎熱的夏季會讓人想吃的一道涼拌料理。用杵來敲打小黃瓜，讓它拌上調味料時更容易入味。沒有杵的時候，用空瓶之類的東西來敲打也OK。

醬油麥麴涼拌生火腿、蘑菇、芝麻菜

材　料　2人分

生火腿…70g
蘑菇…6朵
芝麻菜…1束
A
橄欖油、檸檬汁、醬油麥麴（參閱P126）…各1大匙
胡椒…適量

做　法

1 蘑菇切片，芝麻菜切成便於食用的長度。
2 將①的材料、生火腿、A的材料放入盆子裡迅速攪拌。

蘑菇、芝麻菜的香氣，與生火腿的鹹味完美搭配。藉由搭配醬油麥麴，把洋風食材做成了和風，可以當成三餐的點綴。麥麴一粒粒的口感和鮮味，讓食材的美味更上一層。由於瞬間就能做好，外觀也很亮眼，當成招待用的料理也會讓人很開心。

涼拌雞胗

材 料 2人分

雞胗…200g
蔥…¼根
鹽…少許
酒…1又½小匙

A
- 蔥綠…1根量
- 薑皮…½顆量
- 水…½杯

B
- 薑絲…1截的量
- 蒜泥…¼小匙
- 芝麻油…2小匙
- 鹽…1小匙
- 黑胡椒…¼小匙

做 法

1 削去雞胗表面的白皮和筋之後切半。放入盆子裡，撒上鹽、酒後仔細揉捏。蔥斜的切片，泡水約15分鐘後去除水分。

2 將雞胗、A的材料放入壓力鍋裡，蓋上蓋子後開火。加壓到出現蒸氣後轉成小火，加熱（加壓）5～6分鐘。關火，就這樣放置到壓力釋放為止。

3 將②的雞胗切片後放入盆子裡，加入蔥、B的材料攪拌。

雖然這裡是用鹽和酒搓揉雞胗來去除臭味，但如果有鹽麴的話，加入1又½小匙來揉捏就OK了。另外，在沒有壓力鍋的情況下要煮雞胗時，請將雞胗、蔥綠、薑皮及3杯水倒入鍋裡用中火加熱，蓋上蓋子煮個30～40分鐘。

梅子涼拌雞柳和西洋菜

材 料 2人分

雞柳…2條
西洋菜…½束
梅乾…2顆
鹽…少許
酒…適量
A［酒、醬油…各1小匙
　 砂糖…½小匙
芝麻油…適量

做 法

1 將雞柳放進小鍋裡並撒上鹽，放置10分鐘左右。加入酒並讓雞柳稍微露出水面，用中火煮開。雞柳下方變白之後翻面並蓋上蓋子，繼續加熱直到表面整個變白，放置片刻後關火。蓋著蓋子去除餘熱後，將雞柳取出剝成喜歡的大小。

2 西洋菜切成便於食用的長度，梅乾去籽後敲打果肉。

3 將梅肉、A的材料放入盆子裡混合。加入①的材料、西洋菜後攪拌，盛到容器上，以旋轉方式淋上芝麻油。

西洋菜稍苦又帶點辣的味道，非常適合梅肉或是甜甜鹹鹹的調味料，讓人一吃成癮。西洋菜和梅肉會讓清淡的雞柳變得更香，做成勾起食欲的一道菜。

第 4 章

涼拌魚貝類

不管當主菜、副菜、配菜都可以。
將往往容易流於俗套的魚貝類料理做成了涼拌料理，
擴展了菜色的領域。
不只是用煮的，還能做成生魚片等等，
可以發現魚貝類嶄新的魅力。

豆渣拌煙燻鮭魚

材　料　2人分

煙燻鮭魚…80g
洋蔥…⅛顆
檸檬汁…½顆量

A
- 豆渣…80g
- 美乃滋（參閱P124）…2大匙
- 橄欖油…1大匙
- 鹽、胡椒…各少許

蒔蘿…依喜好適量

做　法

1. 將煙燻鮭魚、檸檬汁倒入盆子裡攪拌，放置5分鐘左右。洋蔥切片後泡水約10分鐘，去除水分。
2. 將A的材料倒入別的盆子裡仔細混合，再加入①的材料攪拌。盛到容器上，依喜好撒點蒔蘿。

加入稍多一點的檸檬汁來攪拌，可以抑制煙燻鮭魚的臭味並鎖住味道。豆渣加點美乃滋和橄欖油讓它變得濕濕的，並用檸檬、蒔蘿來補足香氣，就可以做出很棒的風味。也可以用煎得恰到好處的培根來代替煙燻鮭魚，如果有續隨子的話，加一點也很適合。

涼拌乾貨和鮮豔蔬菜

材　料　**2人分**

竹筴魚乾…1條
小黃瓜…1根
芹菜…¼根
蘿蔔嬰…2個
蘘荷…1個
青紫蘇…5片
薑…½截
鹽…少許
醬油…1又½小匙

做　法

1 用瓦斯爐的烤魚箱來烤乾貨，去骨去皮之後，將魚肉剝散。

2 小黃瓜和芹菜滾刀切，稍微撒點鹽搓揉並擠去水分。蘿蔔嬰切成薄圓片，蘘荷、青紫蘇、薑切絲。

3 將①、②的材料倒入盆子裡混合，加入醬油攪拌。

製作以魚貝類為主的涼拌料理時，非常推薦加入能以獨特辣味消除腥臭的蘿蔔嬰或是蘿蔔。因為含有豐富幫助消化的酵素，所以在很晚才吃飯或是腸胃比較脆弱時，請積極地去攝取吧！不過，重點是一定要「直接用生的」加進去！因為酵素並不耐熱，加熱過後就無法期待它的效果了。

涼拌金槍魚和紅蘿蔔

材　料　2人分

紅蘿蔔…1根
金槍魚罐頭…1罐（80g）
橄欖油、醬油…各1大匙
胡椒…適量

做　法

1 紅蘿蔔切絲，放入盆子裡。

2 在平底鍋裡熱好橄欖油，加入去除罐頭湯汁的金槍魚拌炒。

3 將②的材料、醬油加進①裡攪拌，用胡椒做最後的潤飾。

確實去除金槍魚罐頭的湯汁，可以減少罐裝食品特有的氣味。接著再用橄欖油來炒，可以做出更香且濕潤的口感。此外，如果有的話，金槍魚選用橄欖油醃漬的種類，就可以無視罐裝食品的氣味而直接拿來調理。炒過金槍魚的餘熱，會讓紅蘿蔔也變得濕軟而更好入口。

咖哩美乃滋拌蝦子和酪梨

材料　2人分

蝦子…6尾
酪梨…1顆
洋蔥…¼顆
A［酒、日本太白粉…各1小匙
B［美乃滋（參閱P124）…1大匙
　蜂蜜、咖哩粉、醬油
　…各1小匙
義大利巴西利粗末…適量

做法

1 蝦子剝殼後去除腸泥，按照書中的順序沾上A的材料。在鍋裡把水煮開並加入少量的鹽（分量另計），將蝦子煮到變色後去除水分並切半。酪梨去籽後切成一口大小，洋蔥切片後泡水約10分鐘，並去除水分。

2 將B的材料倒入盆子裡仔細混合，加入①的材料、義大利巴西利攪拌。

將很適合蝦子的酪梨及美乃滋拌在了一起。雖然是經典組合，但若加入少量咖哩粉就會變成香辣口味，可以做出讓人不會吃膩的味道。蝦子、酪梨、洋蔥之間口感的不同也非常美味！一旦開始吃就停不下來了。

西洋菜醬汁拌帆立貝

材料 2人分

帆立貝（生魚片）…6個
西洋菜…3根
A［檸檬汁…½顆量
　 橄欖油…1大匙］
鹽…適量

做法

1 西洋菜切細碎放入盆子裡，加入A的材料仔細混合。

2 將帆立貝的厚度切半，加入①的材料攪拌。撒上鹽巴來調整味道。

像敲打一樣來把西洋菜切成細碎，可以更加引出它的香味，醬汁也會比較容易入味。帆立貝柔和的甜味與西洋菜＆檸檬的風味緊密結合，做出非常適合白葡萄酒的清爽味道。

鱈魚子拌白腎豆

材　料　2人分

鱈魚子…1腹【*譯註22】
白腎豆水煮罐…1罐（淨重240g）
奶油、橄欖油…各1大匙
鹽、胡椒…各少許

做　法

1 去除鱈魚子的薄皮後，放入盆子裡把它剝散。

2 將奶油裝進耐熱容器裡，用微波爐（600W）加熱20～30秒來將它融化。

3 將②的材料、橄欖油加進①裡仔細混合。

4 將去除罐頭湯汁的白腎豆裝進耐熱容器裡，用微波爐加熱50秒～1分鐘左右。加進③裡攪拌，用鹽、胡椒來調整味道。

譯註22：一腹指得是從一隻魚體內取出的分量，也就是兩塊。

加入滿滿的鱈魚子會比較好吃，所以請使用較大的1腹。此外，奶油的風味也是調味的重點！會讓料理變成口感溫和且濃厚的美味。成品會變成像沾醬那樣，所以也很推薦夾在麵包裡做成三明治。

檸檬拌魩仔魚和高麗菜

材　料　2～3人分

魩仔魚…50g
高麗菜…⅛顆
鹽…適量
A
- 橄欖油…½大匙
- 檸檬汁…2小匙
- 胡椒…適量

做　法

1 高麗菜切絲，撒上少量的鹽並仔細搓揉之後擠去水分。

2 將①、A的材料、魩仔魚放進盆子裡攪拌。試試味道，如果太淡就再加入少許鹽來調味。

魩仔魚光是用鹽來調味就能做得十分好吃，所以只添加橄欖油這類讓風味更佳的調味料。藉由用力擠去水分，高麗菜的體積將會減少，可以吃得很多。這種爽口的味道，拌義大利麵來吃也會是一道絕品。

煎酒拌鯛魚

材　料　2人分

鯛魚（生魚片）…100g
青紫蘇…2片
鹽…少許
白芝麻粉…1大匙
煎酒（參閱P124）…2大匙

做　法

1 鯛魚撒鹽之後輕輕包上保鮮膜，放在冰箱約5分鐘，再用紙巾去除水分。

2 青紫蘇切絲。

3 將①的材料、煎酒倒入盆子裡攪拌，再加入②的材料、白芝麻簡單攪拌一下。

鯛魚或比目魚這類的白肉魚，非常適合味道典雅的煎酒。用白芝麻來為爽口的味道提升香濃的滋味，也增添了飽足感。撒鹽並去除多餘的水分，可以抑制鯛魚的腥臭味。正由於這是道簡單的料理，食材的味道將會非常明顯，所以請重視這一道手續。

花生醬拌魚貝類

材　料　**2人分**

蝦子…4尾
烏賊…½隻
煮章魚…1隻
橘子…½顆
A［日式太白粉…1小匙
　鹽…少許
B［洋蔥末…⅙顆量
　蒜泥…½瓣量
　花生醬（無糖）、橄欖油、
　蠔油…各1大匙
　卡宴辣椒粉…¼小匙
義大利巴西利粗末…適量

做　法

1 蝦子剝殼後去除腸泥並沾上A的材料。烏賊將內臟取出後除去軟骨，剝皮後切成1cm寬的圓片。在鍋裡把水煮開，以鹽、酒各少許（分量另計）、烏賊、蝦子的順序放入，一直煮到變色後去除水分。章魚斜的削切成7mm厚。橘子剝除外皮和橘絡後取出果肉，切成便於食用的大小。

2 將B的材料放入盆子裡仔細混合。

3 將①的材料、義大利巴西利放入②裡攪拌。

譯註23：又稱為一味唐辛子。

花生醬的作用在於補上濃郁的滋味和風味，所以請一定要使用無糖的種類。如果用了甜的花生醬會變成全然不同的味道，請特別留意。如果沒有卡宴辣椒粉的話，可以用一味辣椒粉【*譯註23】替代。

涼拌帆立貝罐頭、蘿蔔、蘋果

材　料　**2人分**

帆立貝水煮罐頭…1罐（180g）
蘿蔔…10cm
蘋果…½顆

A
- 美乃滋（參閱P124）…1大匙
- 芥末醬…½小匙
- 胡椒…適量

做　法

1. 去除帆立貝罐頭的湯汁後將它輕輕剝散。
2. 將蘿蔔的長度切成3等分後再切成棒狀，蘋果也切成棒狀。蘿蔔和蘋果沾鹽水（分量另計）後放置約10分鐘，去除水分。
3. 將A的材料倒入盆子裡混合，要吃的時候再加入①、②的材料攪拌。

藉由浸泡鹽水來防止蘋果變色，蘿蔔則會除掉多餘的水分而讓口感變得更好。帆立貝罐頭或蘋果這種帶有甜味的食材，與蘿蔔和芥末醬的辣味搭配極為出色！在思考食材組合時，只要重視甜、辣、酸味的平衡就不會失敗。蘿蔔和蘋果容易出水，所以請在要吃之前再將它拌進去。

乾燥番茄拌章魚、油菜

材　料　2人分

油菜…½束
煮章魚…1隻
乾燥番茄…4顆
A
- 洋蔥末…1大匙
- 蒜末…½瓣量
- 橄欖油…½大匙
- 醬油…1小匙
- 胡椒…少許

續隨子…1大匙

做　法

1 乾燥番茄泡溫水30分鐘左右，泡發後切成較大的碎塊。在鍋裡把水煮開，放入少量的鹽（分量另計）並將油菜稍微燙過，去除水分之後切成便於食用的長度。章魚斜的削切成薄片。

2 將A的材料放入盆子裡仔細混合。

3 將①的材料、續隨子加進②裡攪拌。

乾燥番茄濃縮起來的味道，以及續隨子的酸味是味道的重點。由於乾燥番茄可以久放，常備起來的話也能代替調味料來使用，是很珍貴的寶物。就算沒有章魚也可以拿烏賊來用，所以希望在油菜當季的時期，可以來嘗試看看這一道菜。

鹽昆布拌鮪魚和酪梨

材　料　2人分

鮪魚（生魚片）…200g
酪梨…1顆
鹽昆布…20g
芝麻油…1小匙

做　法

1 鮪魚切成3cm大小，拌上鹽昆布放置10分鐘。酪梨去籽，切成3cm大小。

2 將①的材料放入盆子裡簡單攪拌一下，以旋轉方式淋上芝麻油後攪拌。

用切得較大的鮪魚和酪梨，給人一種大滿足的分量感！因為在調味上只用了鹽昆布的鹹味以及芝麻油的風味，所以如果覺得有點不夠，請再用少量醬油來補足。擔心酪梨變色的話，就淋上適量的檸檬汁來防止褪色。

涼拌酒盜【*譯註24】和酒糟

材　料　2～4人分

酒盜…1大匙

A
- 酒糟…2大匙
- 白味噌…1小匙

鴨兒芹…1束

做　法

1 將酒盜、A的材料放入盆子裡混合。

2 在鍋裡把水煮開並加入少量的鹽（分量另計），將鴨兒芹稍微燙過之後去除水分，切成2cm長。

3 將②的材料加進①裡攪拌。

譯註24：酒盜是一種用鹽來醃漬未經加熱的魚貝或魚內臟的發酵食品。由於很下酒，導致在不知不覺中把身邊的酒喝完，就好像被盜走一般，因此稱為酒盜。

雖然本次是使用鮪魚的酒盜，不過在製作時請使用鰹魚、秋鮭、鯛魚等個人喜好的魚類。發酵食品特有的香氣及味道與酒糟混在一塊，做成了成人的滋味。若是當成下酒菜的話會讓人一杯接著一杯，相當危險呀。

涼拌火烤烏賊和水芹

材　料　2人分

烏賊…1隻
水芹…1束
薑泥…1截的量
醬油…1小匙

做　法

1 把烏賊的腳連同內臟一起抽出。除去軟骨後剝皮，再去掉內臟和口器。放進瓦斯爐的烤魚箱烤得恰到好處後，把身體切成1cm寬的圓片，腳則切成便於食用的長度。

2 水芹切成5cm長。

3 將①的材料、薑放入盆子裡混合，再加入②的材料、醬油簡單攪拌一下。

烤得恰到好處的烏賊有著Q彈的口感，也具有滿滿的飽足感。非常適合搭配鮮嫩的水芹。如果沒有水芹的話，運用山茼蒿、香菜或是西洋菜這類有香味的蔬菜，也可以做得非常美味。薑的風味會收緊整體的味道，做出令人無法想像只用了醬油當調味料的味道。

南洋風涼拌鰤魚

材　料｜2人分

鰤魚…3塊
洋蔥…½顆
獅子唐辛子【*譯註25】…8根
鹽、麵粉…各少許
A
- 醬油、醋…各1大匙
- 蜂蜜…½大匙
- 紅辣椒切花…1根量

油炸用油…適量

做　法｜

1 鰤魚切成便於食用的大小，撒上鹽放置10分鐘左右。用紙巾去除水分後沾上麵粉。洋蔥切片，用竹籤在獅子唐辛子上戳幾個洞。

2 將A的材料倒入小鍋裡煮開，移至盆子裡。

3 平底鍋裡倒入1cm高的油炸用油並加熱到170度，將鰤魚上的麵粉稍微拍掉一點後放進去炸，把兩面炸得金黃酥脆。加入獅子唐辛子，炸到顏色變鮮豔為止。

4 將③的材料、洋蔥加入②裡攪拌。

譯註25：又稱為辣椒獅子唐、獅子辣椒，因為外型類似青椒，所以也被稱為獅子唐青椒、日本青椒。

除了鰤魚之外，也很推薦使用秋鮭或是旗魚等。在油炸之前去掉多餘的麵粉，就可以裹上一層又薄又漂亮的麵衣。再來也不會有多餘的麵粉殘留在油裡，所以能把油的髒污抑制在最低限度，在反覆用油的時候相當便利。南洋風的涼拌料理攪拌後，放置約15分鐘來讓它入味也會非常好吃。

第 5 章

涼拌豆、乳製品和乾貨

豆腐、炸豆皮、起司、豆渣、羊栖菜…。
這類不管搭配什麼料理都很適合的萬能食材，
做成涼拌料理之後將會進化得更為美味。
從爽口而健康甚至到味道濃厚的一道菜，
帶來了變化豐富的菜式。

涼拌羊栖菜、炸豆皮、小松菜

材　料　2人分

羊栖菜（乾燥）…1又½小匙
小松菜…½束
炸豆皮…1片
A
- 蒜泥、薑泥…1瓣、1截的量
- 醬油、蜂蜜…各1大匙
- 醋…1小匙

做　法

1 羊栖菜泡水泡發後，稍微清洗一下並去除水分。小松菜切成便於食用的長度。

2 在鍋裡把水煮開，將炸豆皮稍微燙過來去除油脂，並去除水分。放進熱好的平底鍋裡，將兩面煎得恰到好處後細切。

3 將A的材料倒入盆子裡仔細混合，加入①的材料攪拌。再加入②的材料簡單攪拌一下。

因為是直接用生的小松菜，所以請將它好好地清洗乾淨。小松菜也可以用菠菜沙拉或京水菜來代替。炸豆皮去油之後，味道的吸收和口感都會變好。羊栖菜並不限於使用醬油之類的和風調味，也很推薦拌上橄欖油或檸檬汁。

涼拌油豆腐和水煮蛋

材料 2人分

油豆腐…½塊
紅蘿蔔…½根
四季豆…5根
花椰菜…½株
水煮蛋…1顆
A
- 蒜泥…½瓣量
- 花生醬（無糖）…2大匙
- 醬油、蜂蜜…各1大匙
- 美式辣椒粉【*譯註26】…¼小匙

檸檬汁…依喜好加1小匙

做法

1 在鍋裡把水煮開，將油豆腐稍微燙過來去除油脂，去除水分之後切成一口大小。紅蘿蔔用滾刀切切得稍小一些，四季豆斜的對半切。將花椰菜小朵小朵切開，若是太大就再切半。

2 將①的材料放進蒸籠裡開大火，沸騰之後蒸約5分鐘。

3 將A的材料放進盆子裡仔細混合。將②的材料和水煮蛋用手剝散之後加進去，再依喜好淋上檸檬汁並攪拌。

譯註26：原文為チリパウダー（Chili powder），是一種用辣椒、大蒜、孜然、蒔蘿和奧勒岡葉等辛香料混合成的辣椒粉。多用於墨西哥風的美式料理上，因此又稱為墨西哥辣椒粉。

花生醬含有鹽的時候，請調整醬油的分量。依喜好來加入美乃滋，也會變得口感溫和而相當美味。沒有蒸籠的話，用微波爐加熱也OK！蔬菜也可以採用豆芽菜、綠花椰菜或是甜椒來製作。

涼拌豆腐和榨菜

材 料 2～3人分

木棉豆腐…1塊（300g）
榨菜…30g
薑絲…1截的量
A 芝麻油…2小匙
A 醬油…1小匙

做 法

1 用紙巾把豆腐包起來，再用鐵盤之類的器具將它夾住，確實去除水分。

2 一邊用手將①的材料剝成大塊一邊將它放進盆子裡，加入榨菜、薑、A的材料攪拌。

豆腐會隨時間經過而變得水水的，所以請確實去除水分。不用菜刀切而用手剝開會比較容易沾上味道。如果可以，請選用無添加的榨菜，若是沒有切成薄片的話就將它切片。要根據榨菜的含鹽量來調整醬油的分量。

涼拌豆渣和鮮豔蔬菜

材 料 2～3人分

豆渣…100g
毛豆…1把
小番茄…8顆
蘘荷…1個
玉米罐頭…2大匙
A ┌ 高湯…1杯
　 └ 淡味醬油、味醂…各1大匙

做 法

1 將A的材料放進鍋裡煮開一次。加入豆渣轉中火，煮約5分鐘後關火，就這樣直接放涼。

2 在鍋裡把水煮開，加入少量的鹽（分量另計）並將毛豆燙約5分鐘，去除水分後，將毛豆從豆莢內取出。小番茄切半，蘘荷切絲。

3 將①、②的材料、玉米倒入盆子裡攪拌。

Memo

將豆渣與加熱後的調味料仔細混合，讓它確實含有味道之後再和蔬菜攪拌。和風高湯底的柔和味道，與玉米及毛豆隱約的甜味非常搭，蘘荷的香味則會成為點綴。在玉米當季的時期，請用煮玉米來取代玉米罐頭。

涼拌水母和雞肉

材料　2人分

水母（乾燥）…100g
雞胸肉…½塊
芹菜…½根
蔥綠…1根量
薑薄片…½截的量
鹽麴（參閱P126）…1大匙

A
- 高湯醬油（參閱P12）…2～3大匙
- 醋…2大匙
- 蜂蜜…1大匙
- 芝麻油…½大匙

做法

1. 水母泡水約1小時後去鹽（※中途換水2～3次）。雞肉塗上鹽麴，放置約1小時。
2. 將雞肉、蔥、薑放入鍋裡，注水直到蓋過食材後開中火。在快煮沸前關火，就這樣把它放涼。
3. 在別的鍋裡把水煮開，放入水母將它稍微燙過之後浸泡冷水。去除水分後細切。
4. 將②的煮雞肉剝成細絲，芹菜薄切。將A的材料放入盆子裡仔細混合，再加入芹菜、煮雞肉、③的材料攪拌

Memo

用醬油來取代高湯醬油也沒有問題，但這種時候要邊試味道邊調整分量。水母請確實去鹽，才能享受富有咬勁的口感。雞胸肉要塗過鹽麴之後再來烹煮，並將它放在湯汁中冷卻，藉此來做出濕潤的雞肉。

涼拌煙燻蘿蔔【*譯註27】和馬斯卡彭起司

材　料　2人分

煙燻蘿蔔…5cm
杏仁果…10粒
馬斯卡彭起司…4大匙

做　法

1 熱好平底鍋，放進杏仁果乾炒。

2 煙燻蘿蔔切片，①的材料稍微切碎。

3 將②的材料、馬斯卡彭起司放入盆子裡攪拌。

譯註27：原文為いぶりがっこ，是用蘿蔔煙燻而成的秋田獨特醃菜。

只是把煙燻蘿蔔的香氣搭上溫和的馬斯卡彭起司，就遇見了絕妙的美味。再加上堅果的口感和香氣，讓人想像不到是道只有切跟攪拌的菜。搭配酒或麵包也是非常推薦。

涼拌羊栖菜和岡羊栖菜【*譯註28】

材　料　**2人分**

芽羊栖菜（乾燥）…1又½大匙
岡羊栖菜…1袋
A［芝麻油…1小匙
　 鹽…少許

做　法

1 芽羊栖菜泡水約15分鐘，泡發後去除水分。

2 在鍋裡把水煮開，加入少量的鹽（分量另計）、①的材料，並將岡羊栖菜稍微燙過，確實去除水分。岡羊栖菜切成便於食用的長度。

3 將A的材料放進盆子裡仔細混合，加入②的材料攪拌。

譯註28：おかひじき，又稱為陸鹿尾菜。

使用了芽羊栖菜和岡羊栖菜這兩種羊栖菜，是道營養滿點的菜餚。只用鹽和芝麻油的韓式泡菜風調味，做出了活用素材味道及口感的一道菜。請品味看看芽羊栖菜和岡羊栖菜口感及味道的不同吧！

涼拌乾豆腐皮和荷蘭豆芽

材 料 **2人分**

乾燥豆腐皮…3片
荷蘭豆芽…1袋
A ┌ 芝麻油…1又½小匙
　 └ 鹽…½小匙

做 法

1. 乾豆腐皮浸泡溫水10分鐘左右泡發，去除水分後切成1cm寬。
2. 在鍋裡把水煮開，加入少量的鹽（分量另計）並將荷蘭豆芽稍微燙過，去除水分後切成5cm長。
3. 將A的材料倒入盆子裡仔細混合，加入①、②的材料攪拌。

有著光滑口感並引起食慾的乾豆腐皮。這份典雅的味道，正適合當成招待用料理，就連當成平時的涼拌料理也有股特別的美味。荷蘭豆芽也可以換成豆芽菜或小松菜，請找出自己喜歡的組合吧！

鮮奶油起司和蔥的特製涼拌豆腐

材 料 2人分

鮮奶油起司…50g
萬能蔥蔥花…2根量
柴魚片…1袋（3g）
醬油…2小匙

做 法

1 鮮奶油起司切成1.5cm丁狀。

2 將①的材料、萬能蔥、柴魚片、醬油倒入盆子裡攪拌。

用鮮奶油起司來比擬豆腐的涼拌料理。由於短時間內就能做好，所以在覺得還差一道菜的時候，請務必試試看。濃厚的起司和蔥意外地很適合和風的調味料，讓人一吃上癮。當成配菜或是便當的配料都很推薦。

和風冬粉

材　料　2～4人分

冬粉…50g
雞絞肉…100g
山茼蒿…1束

A
- 醋…1又½大匙
- 蜂蜜…1大匙
- 淡味醬油…1小匙

芝麻油…1小匙

B
- 鹽麴（參閱P126）…1大匙
- 胡椒…適量

黃菊…有的話適量

做　法

1 將A的材料倒入盆子裡混合。

2 將芝麻油倒入平底鍋裡，用中火加熱來炒雞絞肉，肉變色後再加入B的材料拌炒。

3 在鍋裡把水煮開後加入冬粉，將它煮得稍硬一些並去除水分，再切成便於食用的長度。將山茼蒿加入同一鍋熱水中稍微燙過，去除水分後切成便於食用的長度。

4 將②、③的材料加進①裡攪拌，如果有的話，就摘點菊花花瓣放進去，簡單攪拌一下。

攪拌冬粉時，有時會因為調味料的滲透而黏住，所以請一定要煮得硬一點。烹煮程度的調整會讓成品產生差異。在燙山茼蒿時，只要依據煮熟的難易度，以莖、葉的順序放進去煮即◎。

糙米涼拌沙拉

材　料｜3〜4人分

糙米飯…2〜3碗
洋蔥…¼顆
乾燥番茄…3顆
腰果、松仁、胡桃、杏仁果等喜歡的堅果…100g
鮮奶油起司…50g
A［白酒醋、蜂蜜、橄欖油…各1大匙
　 鹽…½小匙
義大利巴西利粗末…1束量

做　法｜

1 洋蔥切末後擠去水分。乾燥番茄泡水約30分鐘，泡發後細切。熱好平底鍋，乾炒堅果後切成細碎。鮮奶油起司切成1cm丁狀。

2 將糙米、洋蔥、A的材料倒進盆子裡，一邊弄涼一邊攪拌。加入乾燥番茄、堅果、鮮奶油起司、義大利巴西利，簡單攪拌一下。

將糙米飯這種溫熱的東西一邊弄涼一邊攪拌，讓它不要產生黏性，做成了爽口的米飯沙拉風。乾燥番茄、堅果、鮮奶油起司、義大利巴西利直接用撒的不做攪拌也行。沒有義大利巴西利的話就用芹菜葉，加入蒸雞肉或是煎得酥脆的培根、橄欖，也可以做出分量感，會非常的好吃。

漢方醬汁拌薏仁

材 料 2人分

薏仁…15g
枸杞、松仁…各1大匙
油菜…1束

A
- 蒜泥…½小匙
- 芝麻醬…3大匙
- 蜂蜜…2大匙
- 醬油、鹽麴（參閱P126）、紹興酒（或味醂）…各1大匙

做 法

1 薏仁泡水30分鐘後去除水分。放進鍋裡並加入少量的鹽（分量另計）及適量的水並開中火。煮約20分鐘後去除水分。枸杞泡水約10分鐘泡發，去除水分。熱好平底鍋，乾炒松仁。

2 將①、A的材料倒入盆子裡混合。

3 在鍋裡煮熱水，油菜花稍微燙過之後去除水分，切成方便食用的長度。加入②的盆子裡攪拌。

採用了含有鐵質、食物纖維及優良油脂的松仁，以及富含維他命、鈣、鐵質等的枸杞，這種漢方醬汁是能夠從體內替我們維護健康的可靠菜餚。覺得沒有精神、疲倦的時候，請務必嚐嚐看！藉由吃飯從體內來補充能量。

醋拌乾蘿蔔絲和紫甘藍菜

材　料｜3～4人分

乾蘿蔔絲… 30g
紫甘藍菜…¼顆
鹽…少許
A［魚露、醋…各1大匙
　 砂糖…1小匙

做　法

1. 乾蘿蔔絲泡水約15分鐘泡發，仔細清洗後擠去水分，切成便於食用的長度。紫甘藍菜切絲，撒上鹽搓揉後擠去水分。
2. 將A的材料倒入盆子裡混合，再加入①的材料攪拌。

乾蘿蔔絲泡發後要仔細清洗，去除乾貨特有的臭味。紫甘藍菜可與高麗菜用在相同的地方，是個想讓色彩變得鮮豔或是想讓料理有變化時的珍貴寶物。

調味料

介紹本書所使用的調味料。
調味料基本上用目前正在使用的，或是個人喜好的種類也可以，
但在購買調味料或是想要提升料理水準時，

請務必參考看看。

鹽

要以少量的調味料就清楚確立味道時，鹽所擔負的職責是非常重要的。這裡推薦法國產蓋朗德的鹽以及昆布鹽。有著豐富的鮮味和甜味，甚至讓人覺得只吃鹽也很好吃！可以充分引出涼拌食材的優點。

砂糖

砂糖不是用上白糖而是使用黍砂糖。黍砂糖的精製度較低且未經漂白，含有較多維他命和礦物質，是比較接近自然的狀態。口感好的甜味，為涼拌料理做出了柔和的味道。只有上白糖時，則要比標示的分量加得少一點來做調整。

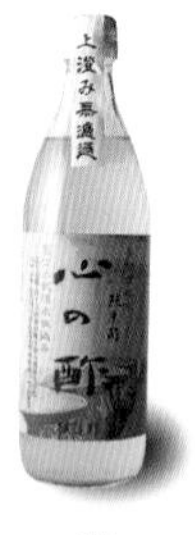

醋

醋請選擇確實標明原料的種類。確認原料後，如果有「這是什麼？」使用了未知材料的，避免掉會比較好。此外，涼拌料理會希望活用醋特有的香味，所以香味較佳的米醋會比較適合。

醬油

將「醬油」與「淡味醬油」分開運用。淡味醬油比起一般醬油，顏色及香氣較為節制，用於想要活用食材的顏色和香氣的時候。不過，由於只需少量就能調味，鹽分的濃度也是淡味醬油來得更高，請特別注意。

魚露

用於泰式料理的魚露，可以輕鬆為食材加上香醇的味道，對涼拌料理來說也是貴重的寶物。將魚醬獨特的香氣和鮮味當成料理的提味來活用的話，就能增添別具風味的美味，打破一陳不變的感覺。

XO醬

由意指最高級白蘭地的XO來命名的XO醬，是總和了干貝、乾蝦、大蒜、紅辣椒、油等等的萬能調味料。緊緊地濃縮了魚貝類的鮮味，就算只用一點點也能讓風味變得豐富。

油

攪拌時的油並不會加熱，所以使用能把香味當成調味料來活用的「橄欖油」以及「芝麻油」。不管是橄欖油還是芝麻油，香味都會因產品的不同而有所差異，使用個人喜好的就OK。此外，對於不喜歡強烈香味的人，推薦使用菜籽油。

酒、味醂

為了抑制食材的臭味並讓風味更佳，酒是採用帶有甜味，香氣也很棒的純米酒。只用米和米麴製造的產品就會標記為純米，在選擇時要特別留意。味醂不是用味醂風的調味料，請使用可以實際感受到自然鮮味的本味醂。

第 6 章

手製調味料

連調味料都是親手製的涼拌料理，
與使用市售調味料的相比就是別具風味，
可以品味到柔和又深奧的味道。
樸素的鮮味，沾在食材上真是絕品！
有時間的話請務必嘗試看看。

橘醋醬油

材料｜方便製作的分量

味醂、醬油、日本柚汁…各3大匙
柴魚片…1袋（3g）

做法｜

1 將味醂、醬油、柴魚片裝入耐熱容器中，用微波爐（600W）加熱50秒～1分鐘左右。

2 將日本柚汁加入①裡混合。

3 將濾網、布覆蓋在稍大的盆子上，把②過濾。

Memo

裝進保存容器，在冰箱可保存約2週。要做得多一點時，就不用微波爐，把味醂、醬油、柴魚片放入鍋裡煮開一次後關火。請就這樣直接去除餘熱後，加入日本柚汁來攪拌。柑橘可以用檸檬、臭橙、萊姆等個人喜好的種類。鬆軟的香氣及爽口的風味，會刺激人的食慾。

白高湯醬油

材料｜方便製作的分量

酒…2杯
味醂…1杯
昆布…5cm
鹽…3大匙
淡味醬油…2大匙
柴魚片…2大把

做法｜

1 將酒、味醂、海帶裝進保存容器裡，放置一晚（※夏季時放進冰箱）。移至鍋裡，加入鹽、淡味醬油加熱，煮開前取出海帶。

2 ①煮開之後加入柴魚片轉中火，將它煮沸去除酒精後關火。就這樣放置約5分鐘。

3 將濾網、布覆蓋在稍大的盆子上，把②過濾。

Memo

移至保存容器來去除餘熱，在冰箱可保存到約1個月。與P12「高湯醬油」的不同在於鹽和淡味醬油！醬油的量越少就要多加點鹽。白高湯醬油的鹹味很重要，所以推薦天然鹽之類有甜味的鹽。清爽的味道，會將涼拌菜的爽口整合起來。此外，若活用於煮或炒的食物上，就能輕鬆品味到道地的味道。

美乃滋

材　料　**方便製作的分量**

蛋…1顆

A
- 醋…1又½大匙
- 鹽…1小匙
- 胡椒…依喜好少許

太白芝麻油…150～180ml

做　法

1 將雞蛋、A的材料放進果汁機裡攪拌。

2 將芝麻油一點一點地加進①裡並攪拌，調整出喜好的量。

裝進保存容器，在冰箱可保存約1週。使用的油，是活用了芝麻鮮味而抑制香味的「太白芝麻油」，很適合用來製作美乃滋，如果沒有的話請改用菜籽油。分量則依喜歡的硬度來調整，油量越多就會越硬。沒有果汁機的話，可用打蛋器或手持攪拌器來代替製作。

煎酒

材　料　**方便製作的分量**

日本酒…1杯

昆布…5cm

梅乾…3個

柴魚片…2袋（6g）

做　法

1 將海帶放入日本酒裡，放置5～6小時。

2 將取出海帶的①的材料、梅乾倒入鍋裡開中火。煮開後加入柴魚片轉小火，煮乾直到水量剩下一半。關火後就這樣放到餘熱去除。

3 將濾網、布覆蓋在較大的盆子上，將②過濾。試試味道，不夠的話就加入少量的鹽（分量另計）。

裝進保存容器，在冰箱裡可保存約2週。日本酒是使用未摻雜質的純米酒，有柴魚片的話，放入切削得較厚3片左右也OK。煮乾時請不要蓋上蓋子，加熱直到剩下2/3～一半左右。光是使用風味豐富的煎酒，味道就會出現深度，會有種料理技巧顯著提升的感覺。

醬油麥麴

材　料｜**方便製作的分量**

麥麴…150g
溫水…80ml
醬油…適量

Memo
在冰箱可以保存到約6個月。先讓麥麴含有大概40度的溫水，就會變成溫和的味道。如果一開始就加入醬油，味道會變得太濃所以要特別注意。此外，讓麥麴和醬油滲透的途中，因為麥麴吸收醬油而使量減少的話，請再次加入醬油到蓋過食材。

做　法｜

1 麥麴用手搓揉，剝成小顆小顆的顆粒狀。加入溫水裡仔細混合，讓麥麴吸收溫水。

2 將①的材料放入乾淨的保存容器內，加入醬油將它蓋過。輕輕地包上保鮮膜，直接放在室溫下。

3 1天1次，將②上下翻轉來將它混合，花5天～1週，讓麥麴和醬油滲透入味。試吃醬油麥麴，如果麥麴的芯消失並感覺到甜味的話就完成了。

鹽麴

材　料｜**方便製作的分量**

米麴…200g
鹽…60g
水…1杯

在冰箱可以保存約6個月。根據麴的種類，水量也會有所不同，所以當混合時水不夠了，請再補充約¼杯（分量另計）的水。鹽麴開始發酵後會產生氣體，把容器的蓋子稍微打開一點吧。把鹽麴做成糊狀口感會變得平滑，也會比較難煮焦。在冰箱可以保存約6個月。根據麴的種類，水量也會有所不同，所以當混合時水不夠了，請再補充約¼杯（分量另計）的水。鹽麴開始發酵後會產生氣體，把容器的蓋子稍微打開一點吧。把鹽麴做成糊狀口感會變得平滑，也會比較難煮焦。

做　法｜

1 將米麴放入盆子裡，用手搓揉後剝成小顆小顆的顆粒狀。加入鹽仔細混合。

2 往①裡加水，仔細混合到整個滲透為止。

3 將②放進乾淨的保存容器裡，包上保鮮膜，就這樣放在常溫下7～10天。1天1次，上下翻轉來將它仔細混合，經過約3天後會整個滲透進去，經過7～10天出現麴發酵的甜甜香味就完成了（※完成的日數會因室溫而有差異。夏天約5天熟成，冬天有時有花上2週的情形）。

4 用果汁機等來攪拌③的材料，做成糊狀。

PROFILE

真藤舞衣子 (Maiko Shindo)

料理家。出生於日本東京。曾任職於一般公司，並在京都的大德寺內塔頭、龍光院內，度過一年一邊生活一邊學習茶道、農耕、土木作業的日子。之後前往法國廚藝學院（Ecole Ritz Escoffier Paris）留學，並取得畢業文憑。學成後經歷東京甜點店的工作，於赤坂開設咖啡沙龍「my-an」。在經營6年半之後，因結婚而搬到山梨。現在則在東京和山梨開設料理教室，並著手店鋪企劃，開發食譜等工作。此外，也舉辦推廣南部地區手打麵「HITTSUMI」的活動、食育講座以及兒童活動等等。2014年讓「my-an」在山梨重新開張，每天都提供能讓吃的人放鬆品嚐的餐點。並作為山梨大使活躍於各界。著作有『用一個缽盆做出司康＆蛋糕』（小社刊）等等。

http://my-an.com/

TITLE

吃涼拌

STAFF

出版　瑞昇文化事業股份有限公司
作者　真藤舞衣子
譯者　張俊翰

總編輯　郭湘齡
責任編輯　黃思婷
文字編輯　黃美玉
美術編輯　陳靜治
排版　靜思個人工作室
製版　明宏彩色照相製版有限公司
印刷　皇甫彩藝印刷股份有限公司

法律顧問　經兆國際法律事務所　黃沛聲律師

戶名　瑞昇文化事業股份有限公司
劃撥帳號　19598343
地址　新北市中和區景平路464巷2弄1-4號
電話　(02)2945-3191
傳真　(02)2945-3190
網址　www.rising-books.com.tw
Mail　resing@ms34.hinet.net

本版日期　2018年6月
定價　280元

ORIGINAL JAPANESE EDITION STAFF

構成・取材　中田裕子
撮影　福尾美雪
スタイリング　真藤舞衣子・中田裕子
デザイン　吉井茂活（MOKA STORE）
校閲　滄流社
調理アシスト　小清水由香・遠藤由梨
編集　上野まどか

撮影協力

五味醤油　http://yamagomiso.com/
マル神農園
Dreaming Epicurean　http://www.dream-epi.jp/
岡見周二（周陶房）

國家圖書館出版品預行編目資料

吃涼拌 / 真藤舞衣子作 ; 張俊翰譯. -- 初版. -- 新北市 : 瑞昇文化, 2017.07
128　面 ; 14.8x21　公分
ISBN 978-986-401-181-0(平裝)

1.食譜

427.1　106008727